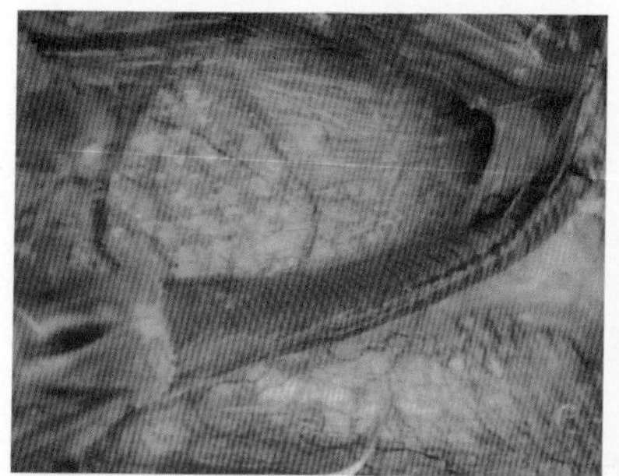

彩图8-1 气管呈环状出血

彩图8-2 胰腺有灰白色坏死点

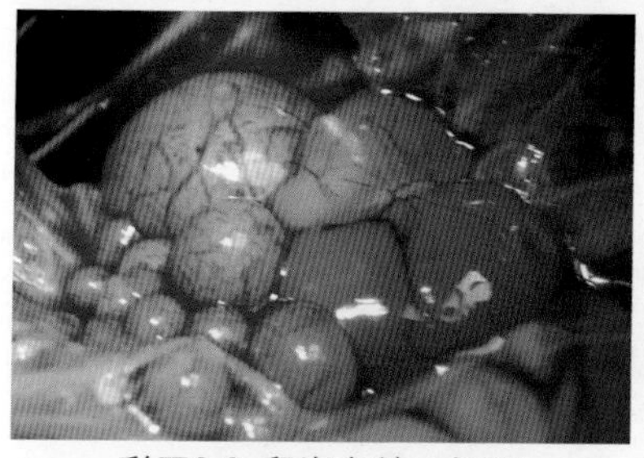

彩图8-3 卵泡变性、坏死

彩图8-4 排黄白色稀粪，出现歪头现象

彩图8-5 腺胃乳头出血、腺胃与肌胃交界处有出血条带

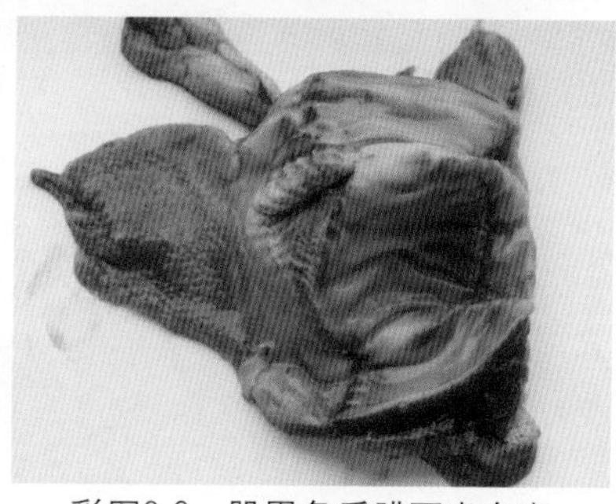

彩图8-6 肌胃角质膜下出血斑

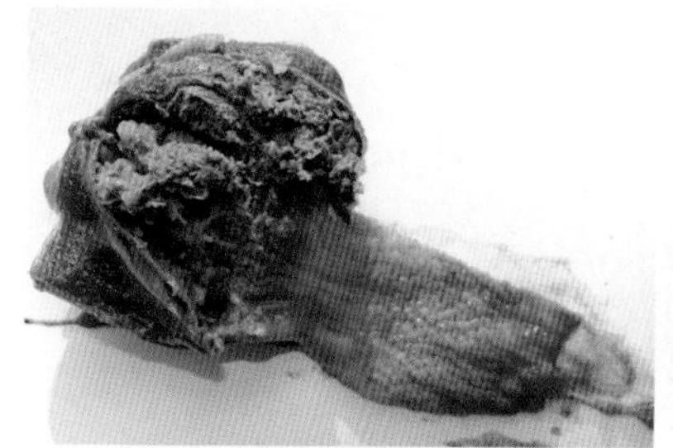

彩图8-7 肌胃内容物呈墨绿色

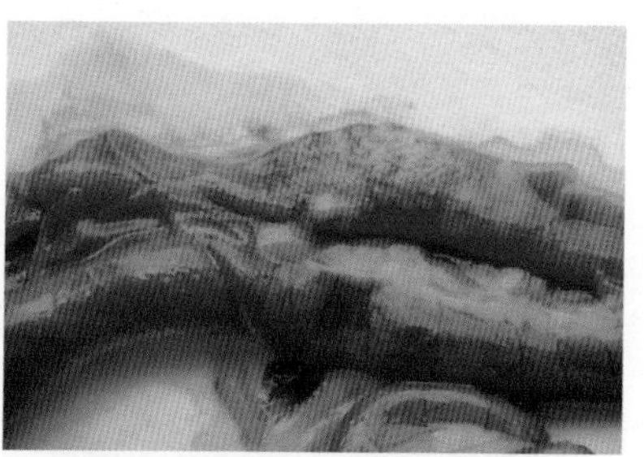

彩图8-8 肠出血，可见溃疡性结节

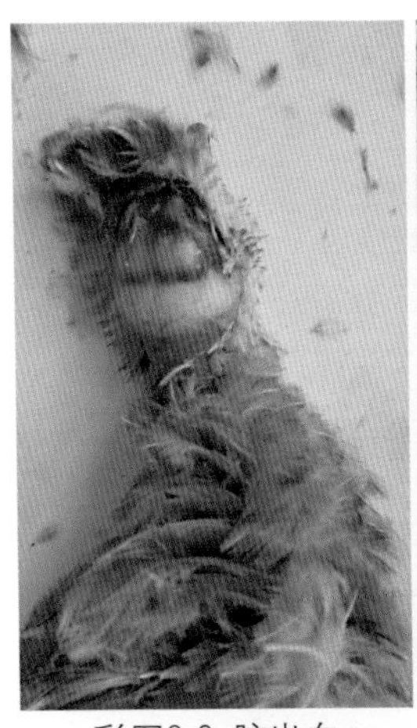

彩图8-9 脑出血

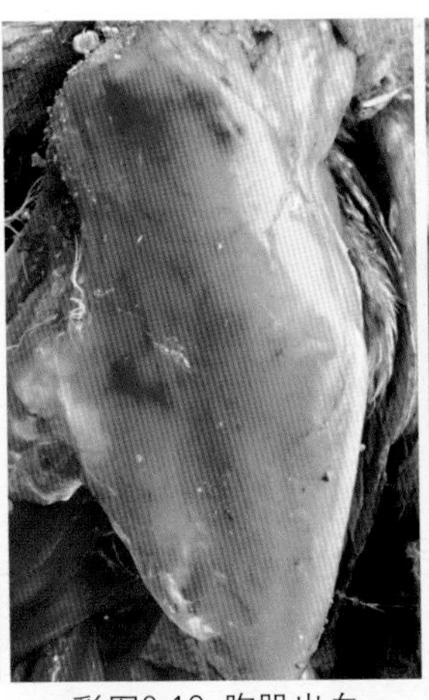

彩图8-10 胸肌出血

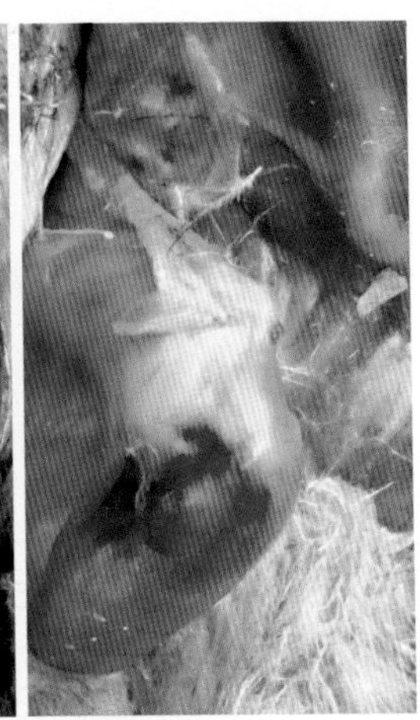

彩图8-11 腿肌出血

彩图8-12 法氏囊水肿

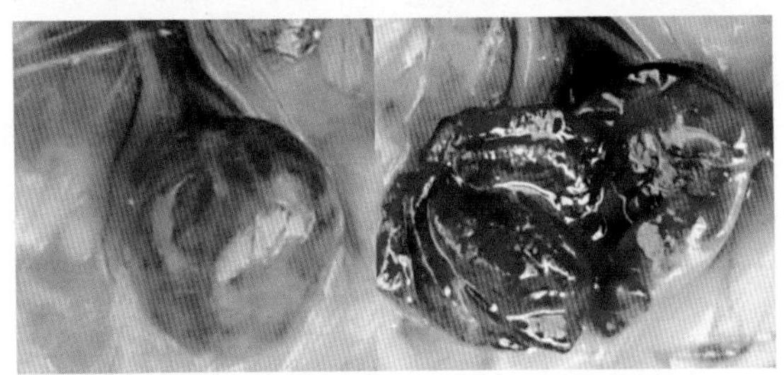

彩图8-13 法氏囊肿胀、出血，呈紫葡萄状

彩图8-14 卵巢肿瘤

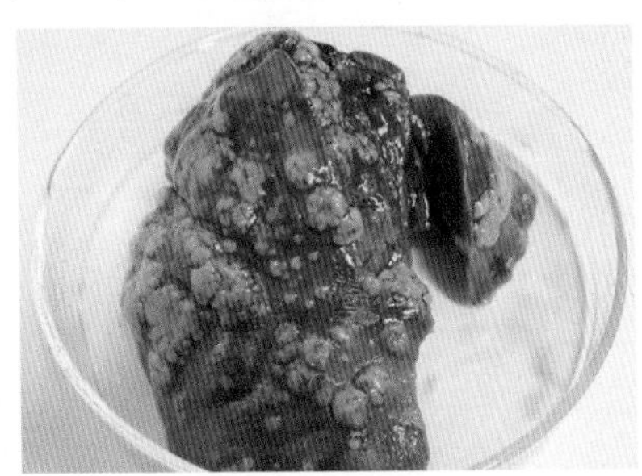

彩图8-15 肝肿瘤

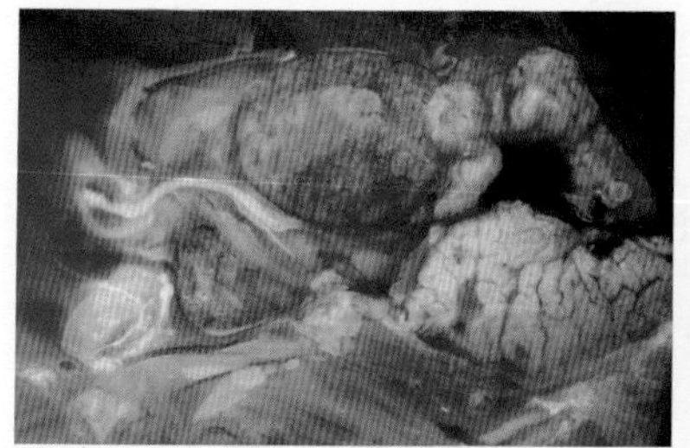
彩图8-16 肾肿瘤

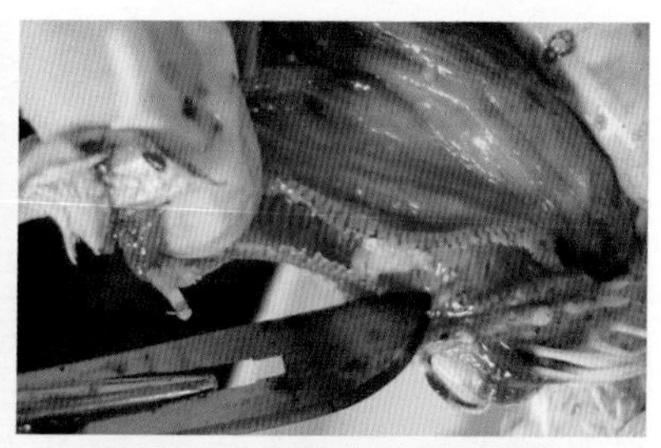
彩图8-17 气管内黏稠分泌物

彩图8-18 气管呈环样出血

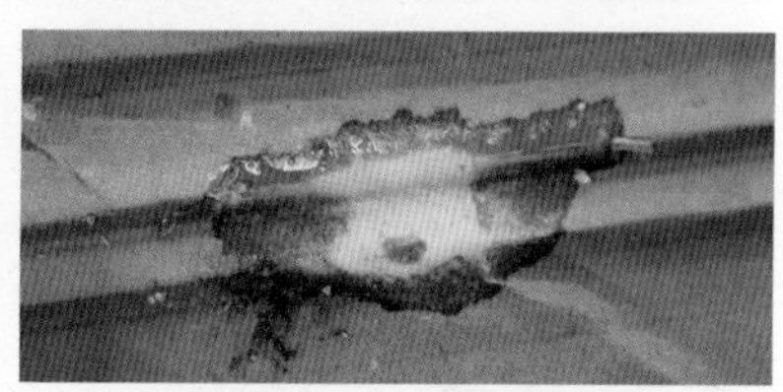
彩图8-19 排白色稀粪

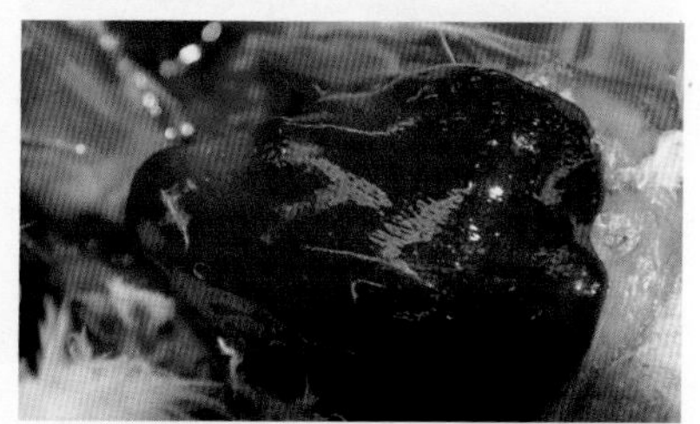
彩图8-20 肝肿大，内有针尖样灰白色坏死点

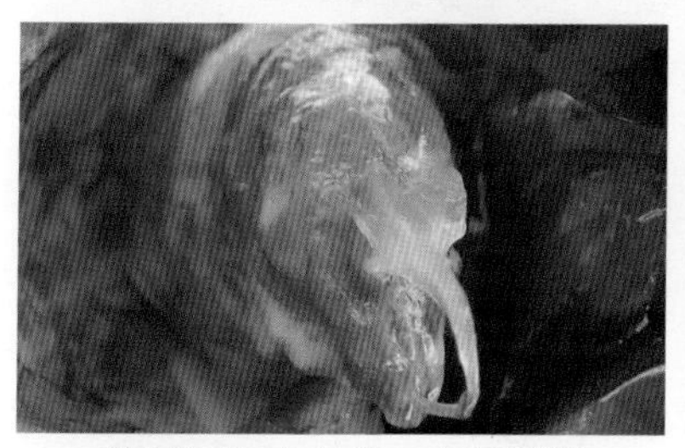
彩图8-21 心包炎、心包积液

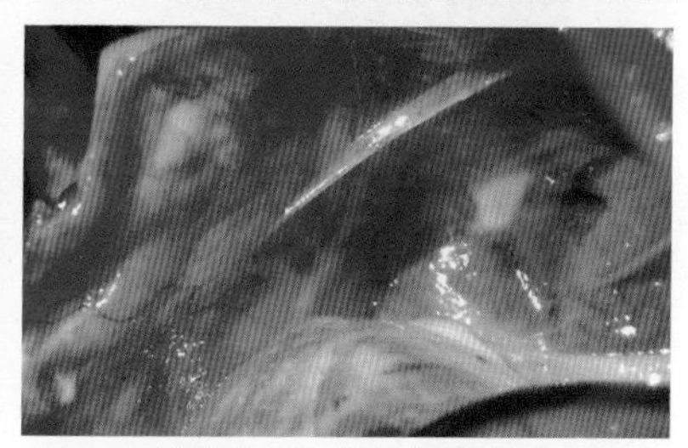
彩图8-22 胸腔膜混浊

彩图8-23 严重肺炎，有肉芽肿结节

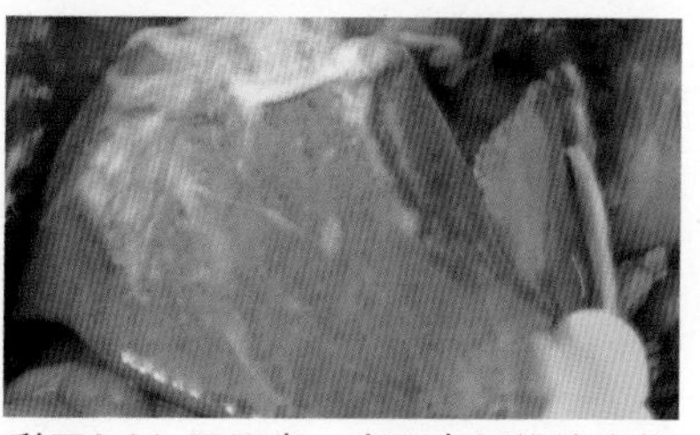
彩图8-24 肝周炎，表面有纤维渗出物

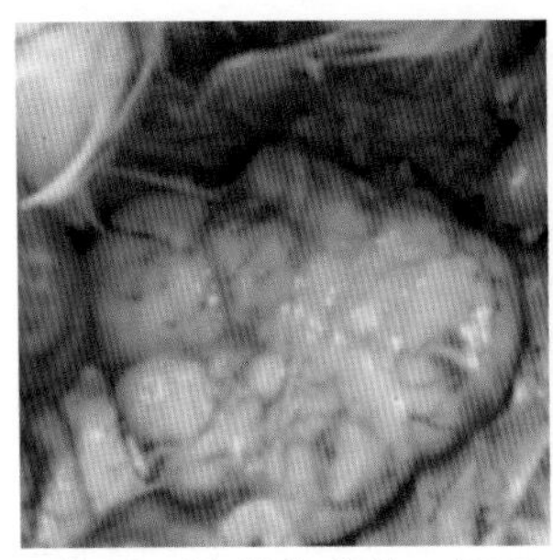

彩图8—25 卵泡变性、坏死

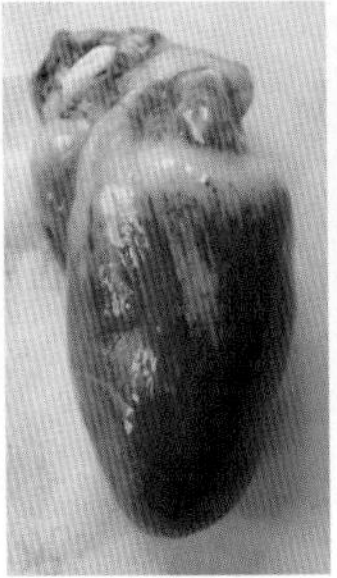

彩图8-26 心冠脂肪出血

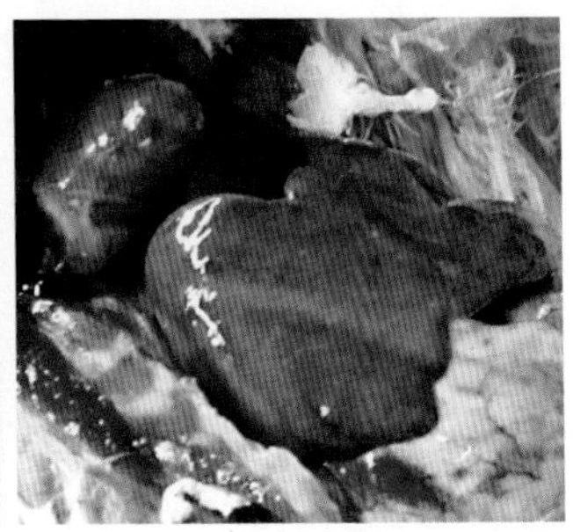

彩图8-27 肝脏肿大，有广泛密集的针尖样灰白色坏死点

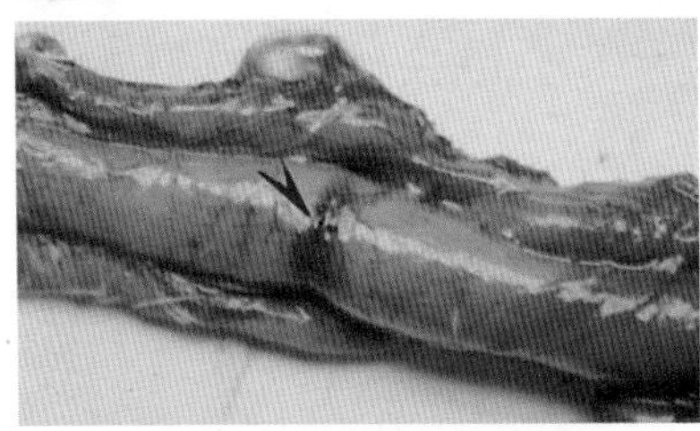

彩图8-28 小肠外观溃疡斑

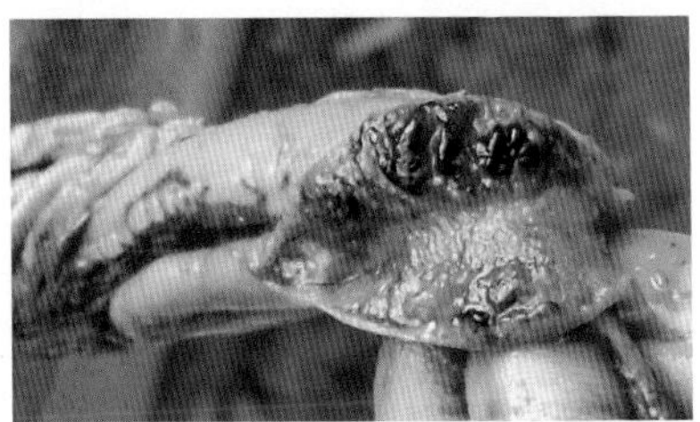

彩图8-29 小肠剖面黑色溃疡灶

彩图8-30 肺霉菌结节

彩图8-31 肝黄白色霉菌性结节

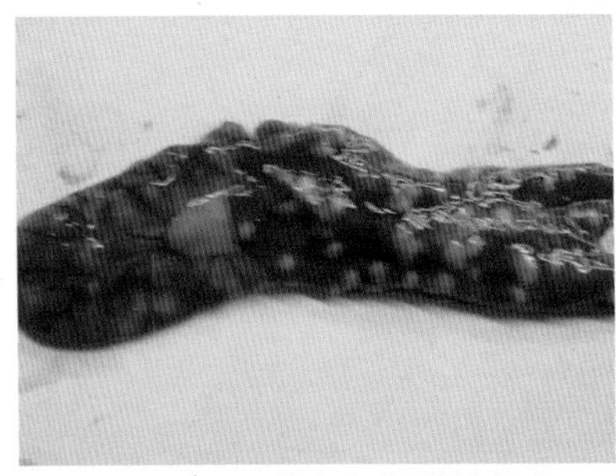

彩图8-32 肠黄白色霉菌性结节

彩图8-33 肌胃内容物呈墨绿色

鹌鹑高效养殖关键技术

赵宝华　李慧芳　罗　峻　主编

中国农业出版社

内容提要

本书由中国农业科学院家禽研究所等单位从事鹌鹑研究的专家和北京市德岭鹌鹑养殖场等单位的生产一线技术人员共同编写而成。本书包括养殖场建设、品种、营养需要及饲料配制、饲养管理、高效繁殖技术、兽医综合防制措施和疾病防治技术等方面内容，介绍了鹌鹑养殖过程中的操作要点和关键技术。

本书内容翔实、重点突出，既有实用的理论知识，又配有丰富的一线照片，图文并茂，具有直观易懂、可操作性强等特点，可让读者快速掌握鹌鹑养殖基本操作技能和先进关键技术。本书是养鹑场员工、管理人员和养鹑科技工作者的好帮手，也可供畜牧兽医院校师生阅读参考。

编　写　人　员

主　编　赵宝华　李慧芳　罗　峻

副主编　戴鼎震　卜　柱　武德岭　孙旭初　丁贤群

参　编　周　生　吴荣富　杨恒东　宋卫涛　徐世永

刘继强　程　旭　俞　燕　沈欣悦　李建梅

姜　逸　高明燕　朱春红　刘宏祥　徐文娟

张　丹　常玲玲　茅慧华　范梅华　李　新

王晓峰　李婷婷　许　明　王金美　聂丽峰

付胜勇　万晓星　丁左梅　邹建香　秦淑美

前言

鹌鹑具有体型小、生长快、性成熟早、产蛋早、产蛋多、适应性强、耐粗饲、抗病力强等特点，鹌鹑肉和鹌鹑蛋营养价值高，蛋白质含量高，胆固醇含量低，氨基酸丰富，而且肉质细嫩，药用价值也很高，素有“动物人参”之美誉，深受广大群众的喜爱。

目前，我国鹌鹑的饲养量和消费量均居世界之首，产业发展前景广阔。我国在鹌鹑新品种和系列自别雌雄配套系的选育方面取得了丰硕成果，培育出多个拥有自主产权的品种（配套系）。鹌鹑养殖投资少、见效快，非常适合规模化、集约化、机械化、自动化饲养，符合国家倡导的高效现代化农业发展要求，是建设新农村、农民致富的好项目。

为了介绍鹌鹑的优良品种及其生产性能，推广鹌鹑高效高产饲养关键技术，提高鹌鹑的饲养水平和管理水平，促进增加养鹑业经济效益，我们组织科研院所的专家学者和企业的技术员共同编著了《鹌鹑高效养殖关键技术》一书。本书共八章，编者们查阅了大量资料，借鉴了当代先进、成熟的养禽技术，介绍了养鹌鹑过程中的操作要点和关键技术。全书内容易懂、直观、实用，图文并茂，理论联系实际。

本书在编写过程中得到了林其騄老前辈的无私关照

和热情帮助，他为本书提供了大量资料和极富价值的图片。本书也得到众多同仁和同事的大力支持，在此一并表示诚挚的感谢！

书中不足之处在所难免，敬请广大读者批评指正！

赵宝华

2017 年 9 月 9 日于南京

目录

第一章 ‹‹‹ 走近鹌鹑

一、鹌鹑养殖概况

鹌鹑简称鹑，属于鸟纲鸡形目雉科鹑属，是鸡形目中体型最小的一类。鹌鹑原是一种野鸟，经过人类的长期驯化，逐渐成为一种家禽。

鹌鹑经过80多年的培育，已育成20多个品种和自别雌雄配套系，广泛分布于日本、法国、美国和中国等世界各地。欧洲和美洲主要生产肉用鹑，亚洲多生产蛋用鹑。

鹌鹑养殖是特禽中开发非常成熟的产业，目前世界上饲养10亿多只，我国饲养量超过3亿只，居世界之首。我国也是世界上鹌鹑第一消费大国。

鹌鹑不仅食用营养价值很高，如蛋白质含量高、胆固醇含量低、肉质细嫩、氨基酸丰富，而且其药用价值也很高，有"动物人参"之美誉。在江苏、浙江、安徽等地区，婚宴上都有一道寓意特别的头菜——杂烩，里面必有鹌鹑蛋。

二、鹌鹑的生物学特性

鹌鹑分为野生鹌鹑和家养鹌鹑两类。家鹑由野鹑驯化而来，经过长期的遗传改良，家鹑与野生鹌鹑有了很大的差别。

1. 形态特征

野生鹌鹑一般在平原、丘陵、沼泽、湖泊、溪流的草丛中生活，有时亦在灌木林活动。喜欢在水边的草地上营巢，有时在灌木丛下做窝。主要以植物种子、幼芽、嫩枝为食，有时也吃昆虫及无脊椎动物。

家鹑在体型、体重、外貌、羽色、羽型、生产性能、适应性、行为等诸多方面，都与野鹑迥然不同。家鹑在人类的精心驯化下，由于培育目的不同，家鹑的体型外貌会因品种、品系、配套系等的不同而有所差异。例如羽色，家鹑的羽色多呈栗褐色，又称野生色，也有黑、白、黄色及杂色的羽毛。有色羽鹌鹑品种，羽色系由黄、黑、红三种不同色素混合而成；而白色羽毛品种，是由于不含色素所致。杂色羽则多为杂交种，或为返祖现象，或由于性状分离而形成。鹌鹑体形呈纺锤形，头小，喙细长而尖，无冠、髯、距，尾羽短而下垂。肉用型鹌鹑比蛋用型鹌鹑体型大；而母鹑则较公鹑体型大，这在其他禽种中极为罕见。人工饲养的公鹑体重可达 110～120 克；母鹑体重可达 140～150 克。

2. 生活习性

（1）残留野性　家鹑与野鹑的生物学特性已有很大差别，但仍保留了一些野鹑的行为习性，例如鹌鹑 4 日龄前有逃窜行为，6 日龄前反应灵敏。爱蹦跳、疾走，能短距离飞翔（一般 1～2 米）。公鹑善鸣、好斗；母鹑有时也会发生啄斗等野性行为。

（2）富神经质　鹌鹑性情活泼，反应敏捷，富于神经质，对周围任何应激反应强烈，容易发生群体骚动，挤堆不安，向上蹦撞，易出现应激性伤亡。

（3）杂食性　鹌鹑食性杂，嗜食颗粒状饲料和昆虫，也可食青饲料、食品副产品、海产品等。有发达的味觉，对甜和酸味较喜爱，对饲料变化十分敏感。消化能力强，饲料利用率高。

（4）耐热畏寒　鹌鹑的生长和产蛋均需要较高的温度，其喜生活于温暖干燥的环境，对寒冷和潮湿的环境适应能力较差。鹌鹑适宜的环境温度为 20～28℃，最佳产蛋温度为 24～25℃。当气温低于10℃时，产蛋锐减，甚至停产，并出现脱毛。气温超过30℃时，食欲下降，产蛋减少，蛋壳变薄易碎。

（5）性成熟早　鹌鹑性成熟、体成熟均较早，一般公鹑1月龄开叫，45日龄后有求偶与交配行为；母鹑在35～50日龄开产，且具有较高的产蛋量，年产蛋250～270枚（图1-1）。肉鹑一般40～45天可上市出售，是禽类生产周期较短的一类。

图1-1　鹌鹑蛋

（6）无就巢性　鹌鹑的抱窝就巢习性已在人工驯化过程中消失，繁衍后代依靠人工孵化方式（孵化期为16～17天），这样为其高产蛋率奠定了基础。

（7）择偶性强　鹌鹑属雌雄有限的多配偶制（一般公母配比为1∶3）。在小群交配时，公、母鹑均有较强的择偶性，受精率一般不太高；大群交配时，择偶性则不强，受精率反而较高。公鹑性欲旺盛，日交配次数可达30多次，且交配多为强制行为。

（8）新陈代谢旺盛　家养的鹌鹑喜动，并不停地采食，每小时排粪2～4次。其新陈代谢较其他家禽旺盛，体温高而恒定，成年鹌鹑体温40.5～42℃；心率150～220次/分钟，呼吸频率公鹑35次/分钟、母鹑50次/分钟，不过其受环境温度变化的影响较大。

（9）适应性和抗病力强　鹌鹑能适应不同的环境条件，有旺盛的生命力和较强的耐受力，故其遍布全球，在各种饲养条件下均表现良好。鹌鹑对疾病的抵抗力较强，较少感染传染病，也较少发生其他疾病。鹌鹑适宜高密度笼养，易于集约化生产。

（10）羽色随季节而变化　日本鹌鹑与朝鲜鹌鹑有夏羽与冬羽之分。

①夏羽：公鹑的额部、头两侧及喉部均呈砖红色；头顶、枕部、后颈、背、肩为黑褐色，并夹有白色条纹或浅黄色条纹；两翼大部分为淡黄色、橄榄色，间或夹有黄白纹斑；腹部羽毛冬、夏无变化，均为灰白色。

母鹑的夏羽羽干纹黄白色较多，额、头侧、颌、喉部则以灰白色居多，胸羽可见暗褐色细斑点，腹部羽毛为灰白色或淡黄色。

②冬羽：公鹑额部、头两侧及喉部的羽毛由砖红色变为褐色；背前羽变为淡黄褐色，背后羽呈褐色，翼羽颜色冬、夏无变化。母鹑的冬羽与夏羽基本相同，只是背部羽毛黄褐色部分增多，颜色加深。

（11）喜沙浴　鹌鹑酷爱沙浴，即使在笼养条件下，若未设置沙浴盘，也会用喙摄取粉料撒于身上进行沙浴，或在食槽内沙浴。

（12）鸣声　成年鹌鹑的鸣叫声高亢洪亮，一般是三段连续洪亮声音，第一段鸣声中等长短，接着是短促的，最后是拉长的叫声。啼鸣时往往挺胸直立，昂首引颈，前胸鼓起。母鹑鸣声尖细低回，如蟋蟀声，一般表现为两段短促的声音。

（13）饲料转化率高　鹌鹑耗料量相对较少，料蛋比一般为（1.8～2.6）：1，料重比一般为（2.8～3.4）：1。

三、鹌鹑的行为学特性

动物行为学是由生态学、生理学、心理学等学科发展而来的，与遗传学、营养学、繁殖学等有密切关系。行为本是动物对内外环境刺激的一种本能反应，实质是动物对内外环境变化的适应及其整合作用的体现。认识鹌鹑的行为学，可充分利用其原理指导人工驯化、选种育种、科学饲养管理等。

1. 采食行为

以啄食方式采食，喜食颗粒类料型及潮湿的混合料。采食量上午比下午多，5：00—7：00为全天采食高峰。当日有蛋的母鹑上午吃料，下午在产蛋前2小时基本不吃或吃得很少。公鹑全天采食较均匀，采食高峰也在夜间。鹌鹑对喂料反应积极，明亮条件下采食积极。群体有争食现象，公鹑采食频率较母鹑高、啄食快、食欲强，采食时有以强欺弱现象。添加矿物质（如沙砾、石粉粒）可提高啄食频率（尤其以产蛋鹑更为明显）。

2. 饮水行为

鹌鹑饮水比较频繁，但每次饮水量不多。饮水时一般是连饮3次停一停，若再饮又是连饮3次。喜爱饮清洁水，饮水时喜爱甩头。饮水量与饲料料型、气温和产蛋量有关。

3. 群体行为

鹌鹑喜群居、喜静、喜卧，尤其以下午常见，喜用一只腿支撑全身呈“金鸡独立”姿势。当天没蛋的母鹑较有蛋的母鹑好动。鹌鹑在排粪时多排在笼的边角处。

4. 争斗行为

公鹑的啄斗和攻击行为表现明显，为争领地、争配偶等大肆啄斗；母鹑很少表现好斗性。公母鹑均欺生，对新转群的鹌鹑有攻击行为（攻击头、眼、羽毛、肛门、翅膀、趾等部位），严重时发生啄肛癖与食肉癖，引起大批伤亡。

5. 性行为

求爱时，公鹑开始以僵直步态、羽毛直立、颈平伸的姿态向母鹑靠近，如母鹑同意则以蹲伏姿势回应这种求爱。紧接着公鹑直接爬跨母鹑，在爬跨和交配时，公鹑咬住母鹑头上或颈上的羽毛，伸展翅膀，在躯体保持平衡后，尾部下压，与母鹑的泄殖腔相接触，完成交配行为。交配结束后，公鹑松口并脱离母鹑，两鹑各自抖动羽毛，公鹑趾高气扬地走开或得意地啼叫。

6. 产蛋行为

当日有蛋的母鹑行为比较笨拙，在采食、饮水、排粪时动作缓慢，行走似企鹅样，喜卧，用手捕捉时不挣扎，异常老实（若是当日无蛋的母鹑，则会挣扎、乱蹬）。母鹑闭着眼睛站立产蛋，产蛋后眼睛忽睁忽闭，往往发出“噜、噜”的低鸣声，10 分钟左右开始采食，活动恢复正常。产蛋高峰一般在 14：00—16：00。

母鹑通常在产蛋后 15～30 分钟后开始排卵，卵子通过产道的时间顺序是：输卵管漏斗部 30 分钟，膨大部 2～2.5 小时，峡部 1.5～2 小时，在子宫里停留 19～20 小时。蛋壳的着色大约发生于产蛋前 3.5 小时。

7. 鸣叫行为

鹌鹑爱鸣叫，特别是群饲的公鹑叫得很欢，而单笼饲养的则很少鸣叫。公鹑一般 1 月龄开始鸣叫，起初是短音节做咕噜声，45 日龄时可叫成一串；鸣叫时引颈挺胸，一个叫，个个跟着叫，昼夜不息，声音高亢；啼叫声一般是 3 段连续的刺耳音，第一段啼声中等长短，接着是短促的，最后是拉长的叫声；低强度表示满足，高强度表示存在危险。母鹑叫声低沉，呈蟋蟀丝丝叫声；如母鹑发出短促的两段叫声，则是为了求交配。

8. 应激行为

鹌鹑对外界的各种应激反应较为敏感。当重新组群或转笼时，其采食、饮水、活动和产蛋等都会受到明显影响。入笼当天，没有过蛋的母鹑好向外撞，需要很长时间才会安静一些；当日有蛋的母鹑也变得活动频繁，将产蛋时间推迟 2 小时甚至更长。

9. 恐惧行为

恐惧行为具体表现在出壳后 1 小时的逃避行为，然后逐渐加强，直至 6 日龄，最敏感期为出壳后 5～9 小时。

此外，雏鹑对视觉刺激的强度和颜色特征也有明显的爱好，对较强的刺激表现出恒定的偏好，偏好色谱为中段的光（喜好黄和绿甚于红和蓝），对短波长光（蓝色）和偏好甚于长波长光（红色），在不同波长的单色光下饲养的鹌鹑，性成熟的时间有明显差别。

10. 夜间活动频繁

除了采食次数夜间显著少于白天外，其余各项行为，夜间的活动次数并不亚于白天。

四、鹌鹑的经济学特性

鹌鹑具有生长快、适应性强、耐粗饲、成熟早、产蛋多、耗料少、生长周期短等特点，是一种经济价值很高的禽类。

1. 经济价值高

饲养鹌鹑投资小，见效快，生产周期短。蛋鹑开产早（一般鹌鹑35～50天开始产蛋），产蛋多（年产蛋250～270枚），被称为小型“产蛋机器”，资金周转快。鹌鹑是一种生长速度极快的禽类，肉鹌鹑40多天即可上市出售。

2. 营养价值高

鹌鹑肉鲜味美，营养丰富，鹑肉中蛋白质含量高达21.2%，还含有多种维生素、矿物质、卵磷脂和多种人体必需的氨基酸，是典型的高蛋白、低脂肪、低胆固醇食物，为举世公认的野味上品，一直被当作高档滋补珍品，也是药膳的重要原料。鹌鹑蛋的营养价值较高，蛋中的必需氨基酸结构优于鸡蛋，其中酪氨酸、亮氨酸含量较多，对合成甲状腺素、肾上腺素、组织蛋白和胰腺的活性有影响；在炎热夏季贮藏50～60天也不变质，比鸡蛋耐贮藏。

3. 劳动效率高

饲养鹌鹑棚舍小、占地少，单位面积饲养量高于鸡。笼养每平方米可饲养产蛋鹑150只（以五层笼计），且饲养劳动率高，每人可饲养蛋用鹌鹑1万只；机械化养鹌鹑则饲养量更多，1人可管理蛋鹑3万只以上、肉鹑5万只以上。

4. 药用价值好

我国中医学认为，鹌鹑肉和鹌鹑蛋性味甘、平、无毒，入心、肝、肺、胃、肾经，可补中益气、清利湿热，有补血、养神、健肾、益肺、降血压之功效。现代科学研究表明，鹌鹑肉和鹌鹑蛋内富含卵磷脂、对人体有益的多种维生素和胆碱等成分，对治疗小儿疳积、肾炎浮肿、支气管哮喘、咳嗽日久、白喉、腰酸疼、结核、胃炎、痛经、胎衣不下、神经衰弱、心脏病及高血压引起的头晕等病症有辅助疗效。

5. 理想的实验动物

鹌鹑具有孵化期短、体型小、耗料少、敏感性好、早熟、换代快等优点，是理想的实验动物之一，常被用作遗传学、营养学、疾病防治学、组织学、胚胎学及药理学等学科的实验动物。

6. 粪便肥效显著

鹌鹑的粪便是养鹑业的一项副产品，它的收益仅次于鹑肉和鹌鹑蛋。一只产蛋鹑每天排粪约30克，干燥后约12克，全年可积干鹑粪4千克以上。鹑粪肥效显著。

7. 可用于狩猎对象

由于国家对野生动物的保护，狩猎爱好者受到一定限制，但可以将鹌鹑养至能飞翔时，将其放入狩猎场供狩猎。

由此可见，鹌鹑养殖具有强大的市场发展前景，是发家致富的好项目。

第二章<<<

养鹑场建设

养鹑场建设有三大任务：一是选址，二是布局，三是建筑。

一、养鹑场选址

养鹑场的选址应遵循健康、绿色、生态、环保、可持续发展和便于防疫的原则，综合上讲就是从地势、地质、交通、电力、水源及周围环境的配置关系多方面考虑。

1. 环境

俗语说得好："环境好，赛金宝"。环境是鹌鹑安全、健康养殖的重要保证，是卫生防疫措施中的重要环节。

（1）环境的内涵　影响鹌鹑的环境包括养鹑场所处位置的大环境、养鹑场内的小环境和鹑舍内微环境三个方面。简单地说，选址就是选环境，养鹑场的大环境既有自然因素，包括地势、土壤、水源、气候、降水量、风向和作物生长等；也有社会因素，包括交通、疫情、建筑条件和社会风俗习性等。养鹑场内的小环境主要包括鹌鹑舍、道路、器具、车辆、设施等。鹑舍内的微环境主要包括鹑舍内光照、噪声、温度、湿度及空气中的尘埃粒子等。具体可参照畜禽场环境质量标准（NT/Y 388—1999）。

（2）远离交通干线和居民点　鹌鹑生性好动、神经质，属于神经敏感型，易受突然的声音、影像、光线、动作等变化惊扰而引起骚动，因此在场地选择、环境规划时，应远离交通干线和居民点。养鹑场应距离公路、铁路等主要交通干线500米以上，距离居民区、学校和农贸市场也应保持500米以上（图2-1）。

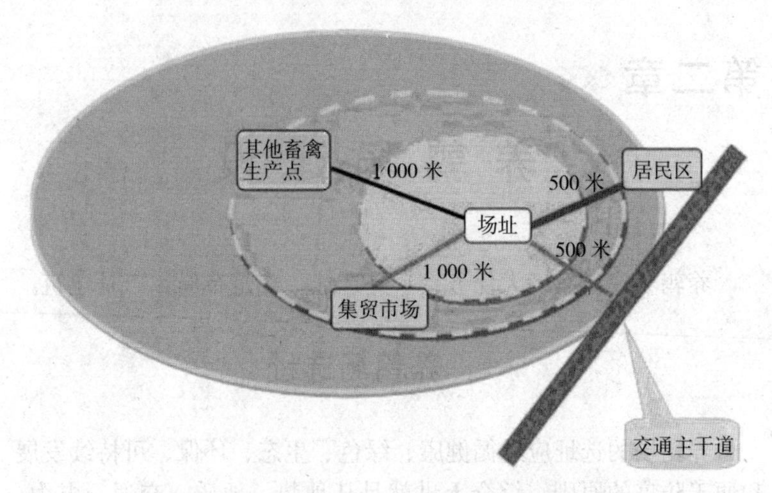

图 2-1　养鹑场与交通干线、居民区等的距离

（3）远离养殖场和化工厂　许多鹌鹑的疾病可由鸡、鸟等其他禽类所传播而来，选址时应远离其他禽场、大型湖泊和候鸟迁徙路线，距离养殖场、种禽场、屠宰场和化工厂应在 1 000米以上，距离病鹑隔离场所、无害化处理场所 3 000 米以上。

有效控制养鹑场的环境对鹌鹑养殖非常重要，只有让鹌鹑生活在舒坦、空气清新、无工农业“三废”污染、远离传染病的良好环境中，才能充分发挥其生长性能，减少疫病发生的概率，降低疾病造成的经济损失，取得良好的经济效益，提高鹌鹑产品的质量，保障公共卫生的安全。

2. 地势干燥

潮湿是鹌鹑养殖的大忌。鹑舍要长年保持干燥，要有新鲜的空气和充足的阳光，所以必须选择较高地势、硬质坡地、排水良好和向阳背风的地方建设养鹑场，地形平坦、平缓，地面干燥，要求地下水位在地面以下 1.5～2 米，切忌将养鹑场选建在低洼处和易被洪水冲刷的地方。

3. 符合畜牧法规定用地

中华人民共和国《畜牧法》第 40 条禁止在下列区域内建设畜禽养殖场、养殖小区：①生活饮用水的水源保护区，风景名胜区，以及自然保护区的核心区和缓冲区；②城镇居民区、文化教育科学研究区等人口集中区域（文教科研区、医疗区、商业区、工业区、游览区等人口集中区）；③法律、法规规定的其他禁养区域。新建、改建、扩建的畜禽养殖选址应避开规定的禁建区域，在禁建区域附近建设的，应设在规定的禁建区域常年主导风向的下风向或侧风向处，场界域与禁建区域界的最小距离为 500 米。

4. 水电

要求有稳定的水和电力供应，水质良好，没有受到病原微生物和废气、废水、固体废弃物“三废”的污染。

二、养鹅场布局

1. 有利于生产

养鹅场的总体布局可参照《畜禽场场区设计技术规范》(NT/Y 682—2003)，首先要满足生产工艺流程的要求，按照生产过程的顺序和连续性来规划和布局建筑物，以便于管理，有利于达到生产目的。

（1）分区明确　养鹅场通常可分成生产区、管理区和隔离区 3 个功能区（图 2-2）。①生产区应包括种鹅舍、商品鹅舍、孵化室、育雏室和饲料配制室等，是卫生防疫控制最严格的区域，位于全场核心区域。②管理区包括药品室、兽医室、解剖室、职工房和办公室等，是全场人员往来与物资交流最频繁的区域，一般位于全场的上风处。③隔离区位于养鹅场的常年下风处。生产区要与管理区、隔离区严格隔开，各区之间应有围墙或绿化带隔离，并留有 50 米以上距离（图 2-3），进出口不能直通，每个区门口前要有一个供进出人员消毒的消毒池。

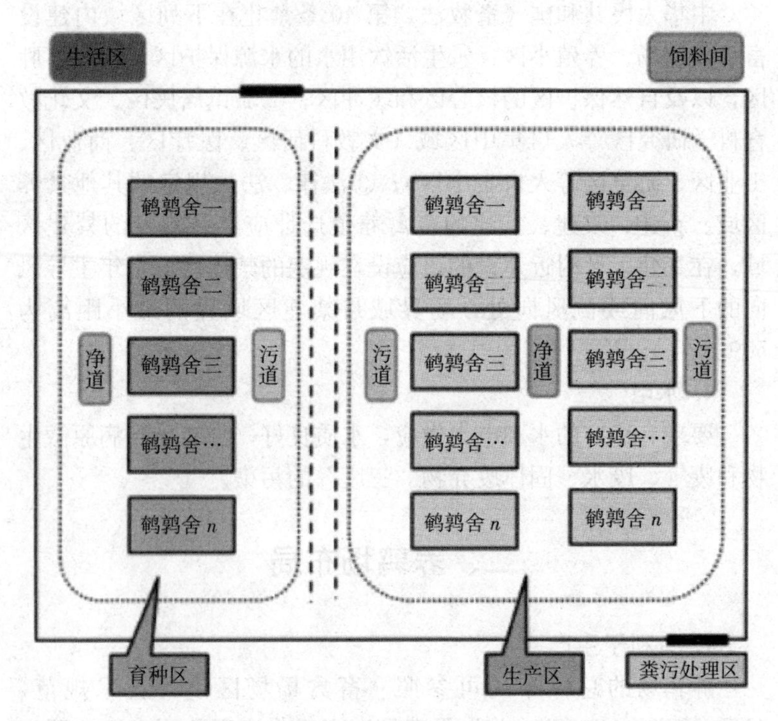

图 2-2 养鹑场分区

图 2-3 养鹑场各区之间采用绿化带隔离

（2）鹑舍排列顺序　鹑舍应根据生产工艺流程及防疫要求排列。由于多数鹑舍采用自然通风，而当地主导风向对鹑舍的通风效果有明显的影响，因此通常鹑舍的建筑应处于上风口位置，排列顺序依次为育雏舍、育成鹑舍，最后才是成年鹌鹑舍，以避免成年鹌鹑对雏鹑的可能感染。

（3）鹑舍朝向的选择　鹑舍朝向与鹑舍采光、保温、通风等环境效果有关，关系到对阳光、热和主导风向的利用。从主导风向考虑，结合冷风渗透情况，鹑舍的朝向应取与常年主导风向呈45°。从鹑舍通风效果考虑，鹑舍的朝向应取与常年主导风向呈30°～45°。从场区排污效果考虑，鹑舍的朝向应取与常年主导风向呈 30°～60°。因此，鹑舍的朝向一般与主导风向呈 30°～45°，东西向建设，坐北朝南，即可满足上述要求。这样有利于阳光照射，并可利用自然风力通风换气，使舍内光亮和冬暖夏凉（图2-4）。

图 2-4　鹑舍坐北朝南，光照和通风良好

（4）场区绿化　场区绿化区（图 2-5）是养鹑场建设的重要内容，不仅美化环境，更重要的是净化空气、降低噪声，调节小气候，改善生态平衡。建设养鹑场时应有绿化规划，且必须与场区总平面布局设计同时进行。在设施周围可种植绿化效果好、产

生花粉少和不产生花絮的树种（如柏树、松树、冬青树、杨树、楤木、夹竹桃等），尽量减少黄土裸露的面积，降低粉尘。最好不种花，因为花在春、秋季节易产生花粉，其产生尘埃粒子很多，每立方米含1万～100万个颗粒，平均含几十万个颗粒，很容易堵塞空气过滤器，影响通风效果。

图 2-5 场区绿化

2. 有利于防疫

（1）养鹑场的围护设施 主要用于防止人员、物品、车辆和

图 2-6 养殖场门口设置警示标志

动物等偷入或误入场区。为了引起人们的注意，一般要在养鹑场大门树立明显标识，标明“养殖重地，非请勿入”等字样（图2-6）。场区设有值班室，设立专门供场内外运输或物品中转的场地，便于隔离和消毒。另外，根据防疫需要，应建设防鸟网（图2-7）、防蚊虫纱窗、防鼠猫设施等。

图2-7　防鸟网

（2）养鹑场的淋浴更衣室　养鹑场需设有淋浴更衣室，包括污染更衣间、淋浴间和清洁更衣间（图2-8）。要求进入鹑舍的人员在污染更衣间换下自己的衣服，在淋浴间洗澡后，进入清洁更衣间换上干净的工作服才能进入鹑舍。淋浴更衣措施可尽量减少将外源病原体带入生产区，以免造成鹌鹑群的感染。

图2-8　更衣间、淋浴间

（3）消毒池的设置　所有通道口包括养鹑场的大门口、生产区门口、鹑舍门口等均应设有消毒池，以便对进出车辆的车轮、人员的鞋子进行消毒。大门口消毒池的大小至少为

3.5 米×2.5 米，深度为 0.3 米以上，其放置的消毒水应能对车轮的全周长进行消毒（图 2-9）；生产区的门口设有同样的大消毒池，以便对进出生产区的车辆进行消毒（图 2-10）。饲养员在进入鹑舍前必须对手进行消毒（图 2-11），然后更换工作服和工作靴，并经行人消毒池消毒工作靴后才能进入鹑舍（图 2-12）。

图 2-9　一级消毒池（车辆进出养鹑场）

图 2-10　二级消毒池（车辆进出生产区）

图 2-11　手消毒盆

图 2-12　三级消毒池（人员进出养鹑场）

（4）鹑舍的建筑　鹑舍内应为水泥地面，以便冲洗粪便和消毒。墙壁以砖墙为好，砖墙保温性能好，坚固耐用，便于清扫消毒。

（5）鹑舍的间距　应满足防疫、排污和日照的要求。按排污要求，间距为 2 倍鹑舍檐高；按日照要求，间距为 1.5～2 倍鹑舍檐高；按防疫要求，间距为3～5倍鹑舍檐高。因此，鹑舍间距一般取3～5倍鹑舍檐高，即可满足上述要求。表2-1为鹑舍间距的参考值。

表2-1　鹑舍防疫间距

种　类	鹑舍间距（米）
育成鹑舍	15～20
商品鹑舍	12～15
种鹑舍	20～25

（6）*场内道路*　从养鹑场防疫角度考虑，设计上需将清洁走道与污染走道分开，以避免交叉污染，所以只能单向运输。从这条运输系统上经过的人员、车辆、转运鹌鹑都应当遵循从育雏鹑舍至产蛋鹑舍、从清洁区至污染区、从生产区至生活区，这有助于防止污染源通过循环途径被带入下一个生产环节（图2-13、图2-14）。

图2-13　净　道

图2-14　粪道（污染走道）

（7）*无害化处理设施*　为防止养鹑场废弃物对外界的污染，养鹑场要有无害化处理设施，如焚烧炉、化粪池、堆粪场等。堆肥法经济、环保、实用，是一种值得推广的粪污处理方法。

三、鹑舍建筑

根据鹌鹑生物学特点和消毒卫生防疫要求，结合南北气候差异特点，鹑舍建筑大致可分为全开放式鹑舍、半开放式鹑舍和全封闭式鹑舍3种类型。

1. 全开放式鹑舍

南方气温高，冬季不易结冰，鹑舍大部分为开放式鹑舍，也是传统型鹑舍（图2-15）。开放式鹑舍只有简易顶棚，四壁无墙或有矮墙，冬季用尼龙薄膜围高保暖。其优点是鹑舍造价低，通风良好，空气好，节电等。缺点是占地多，鹌鹑生产性能受外界环境影响大，疾病传播率高等。

图2-15　全开放式鹑舍

2. 半开放式鹑舍

北方气温低，冬季易结冰，鹑舍大部分为半开放式鹑舍（图2-16）。半开放式鹑舍优点是有窗户，部分或全部靠自然通风、采光，舍温随季节变化而升降。缺点是饲养密度低，夏季高温时舍内要采用外力通风降温，鹌鹑生产性能受外界环境影响大。

图2-16　半开放式鹑舍

3. 全封闭式鹑舍

全封闭式鹑舍又称现代化鹑舍（图2-17），用砖、水泥构造墙壁和地面，可耐受高压水的冲洗；有良好的防鸟、防鼠和防虫网，避免虫、鸟等侵袭；鹑舍全封闭，纵向排风和无动力排风器，主动降尘降温；夏天采用湿帘主动降温、控湿；一般是用隔热性能好的新材料构造房顶，降低热传导，起到冬暖夏凉的效果等。其优点是减少了外界气候对鹌鹑的影响，常常采取先进的饲养管理技术和防疫措施。缺点是一次性投资大，耗电等。

图 2-17　现代化鹑舍

四、鹑舍配套设施

1. 水电配套设施

（1）水源稳定

①水质良好：要求水质良好，水质标准可参照《无公害食品　畜禽饮用水水质》（NY 5027—2001），目前绝大多数养殖场可选择使用自来水。

②水量充足：要求供应充足，满足场内生产、管理用水需要，满足职工、鹌鹑的饮用需要，每只鹌鹑每天需要的水量大约是其采食量的 2 倍。

（2）电力供应有保障　应靠近输电线路，尽量缩短新线铺设距离，安装方便，保证 24 小时供应电力，满足生活、办公、孵化、光照等电力需求。对重点部门（例如孵化室）需要配备“双电力”线路，必要时自备发电机以保证电力供应。养殖场要求有二级供电电源；如为三级供电电源，必须自备发电机。

2. 消毒设施

养鹑场应具有一级消毒池、二级消毒池、三级消毒池、四级消毒盆、更衣消毒室和消毒器具等（图 2-18、图 2-19）。

图 2-18　可移动消毒器

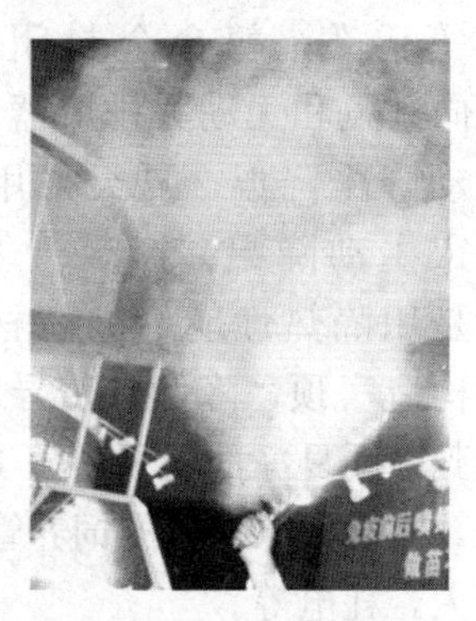

图 2-19　手推喷雾消毒机

3. 辅助设施

（1）贮存、净化水设施　养鹑场设水塔，并用水净化剂进行消毒，定期取水样检查，保证符合畜禽无公害饮用水的水质标准。

（2）交通便利　有专门车道直达养鹑场，道路宽、硬化（图 2-20），满足运输要求。

图 2-20　养鹑场内道路

五、鹌鹑饲养设备

(一) 笼具

1. 育雏笼

图 2-21　层叠式育雏笼

（1）层叠式育雏笼　每个单笼的规格一般为 100 厘米×50 厘米×45 厘米，设一个活动门，可叠 4～5 层，每层下设一承粪板，承粪板层高为 5 厘米（一般承粪盘高 2 厘米），6 个单笼 1 组，最低层距地 20 厘米（图 2-21）。在鹑舍内的布局多为双列式或三列式，这种布局有利于最大限度地利用鹑舍空间。

笼网采用 2～3 毫米冷拉钢丝，钢丝镀锌层厚度以 0.02 毫米以上为佳。底网为网眼 10 毫米×10 毫米的金属网或塑料网。笼架采用 U 形断面冲压杆件较为合适，全部镀锌，其防腐蚀，并且其寿命比油漆的长 1～2 倍，U 形钢材宽度为 2～3 厘米，能承受 100 千克以上；网格距视鹌鹑头的大小而定，以自由伸展为佳。

图 2-22　高床网养

（2）高床网养　高床鹑舍要求结构良好，檐高 2.2 米以上，舍外设排水沟和积污池。网床离地高 0.5 米左右，竹木搭建床架、栅条，最下层铺垫塑料网，网眼 10 毫米×10 毫米（图 2-22）。为节省空间，往往制作多层网床，每层用栅栏分隔多个小区，各小区内要设置水槽和食槽。床外侧架设网线栅栏，以免鹌鹑飞出去。粪便一般采取育雏结束后一次清除的方法，生产上特别要注意加强通风以排出粪便堆积产生的有害气体。网上育雏具有笼育的优点，由于饲养密度小，鹌鹑活动空间大，成活率高，经济效益较高。

2. 育肥笼

一般为层叠式，每个单笼的规格为长 100 厘米×宽 50 厘米×高 30 厘米，可叠 5～6 层，每层下设一承粪板，承粪板层高为 5 厘米，6 个单笼 1 组，最低层距地 20 厘米，底网网眼金属网规格为 12 毫米×12 毫米（图 2-23）。

图 2-23　育肥笼

3. 产蛋鹑笼（成年鹌鹑笼）

一般为阶梯式，配置 4～5 层；材料多为金属钢丝浸塑，这样不但可以延长笼具的使用寿命，不会对鹌鹑造成损伤，而且有利于实现鹑舍的机械化操作。每个单笼长 100 厘米×宽 50 厘米×高 22 厘米，网格距通常为 1～2 厘米；6～8 个单笼一组，每笼重叠 10 厘米，顶笼两边连合，笼最高层为 1.8 米，底笼离地 20 厘米，便于操作。集蛋笼伸出笼外 10 厘米，滚蛋倾斜度为前后相差 5 厘米，滚蛋口高 3 厘米（图 2-24）。种鹑笼每层高 24

图 2-24　成年鹌鹑笼

厘米，其余与产蛋鹑笼相同。

（二）喂料设备

1. 传统喂料设备

（1）料槽　多采用U形槽，宽80～95毫米（图2-25）。一般情况下，蛋鹌鹑每只占料槽长度30毫米（指单边长度）。

（2）料桶　见图2-26。

图2-25　料　槽

图2-26　料　桶

2. 现代化喂料设备

目前已有大型养鹑场采用自动化喂料机饲喂（图2-27、图2-28），生产上以笼养链式喂料机为多（图2-29），可根据需要安装成多层工作系统，主要由驱动电机、料箱、转角盘、链片和轨道组成，组装后，可以自主调节喂料量，也可以将消毒装置一并组装在一起，可实现喂料与带鹑消毒一体化。

图2-27　自动喂料机

图2-28　自动喂料机控制箱

图 2-29 链式喂料机带自动消毒装置

（三）饮水设备

1. 吊塔式饮水器

适用于大规模的平面饲养，能保持干净的水质，但内部设备要求高。供水靠饮水器自身重力来调节，上面与供水管连接。水少时，饮水器轻，弹簧可顶开进水阀门，水流出；当水重达到一定量时，水流停止（图 2-30）。

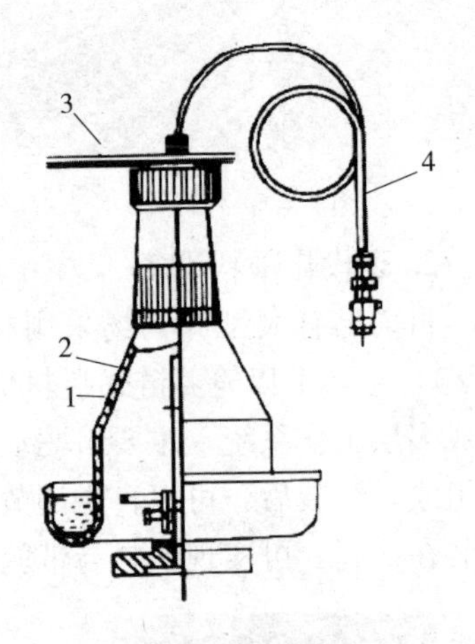

图 2-30 吊塔式饮水器

1. 弹簧 2. 饮水盘 3. 水阀门 4. 接管

2. 杯式饮水器

传统养鹑场的笼养鹌鹑饮水都采用杯式饮水器（图 2-31），通过人工或经管道向水杯里注水。由于水杯为开放型，水杯里的水极易受到污染，并且清洗也较繁琐。

3. 乳头式饮水器

乳头式饮水器由阀芯和触杆构成（图 2-32），直接连通水管，平时靠水压关闭阀门。当鹌鹑啄触杆时，触杆上推，水即流

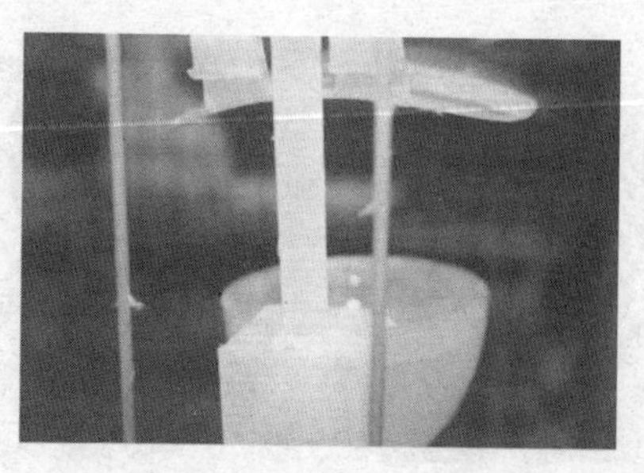

图 2-31　杯式饮水器

出。当饮水完毕，水压下压阀芯，触杆随之封住水路，水停止流出。它是利用地心引力和毛细管作用控制滴水，使顶针端经常挂着一滴水。这种饮水器安装在鹌鹑的上方，鹌鹑抬头即可喝到水，安装时要随鹌鹑的大小调整高度，可安装在笼内，也可安装在笼外。优点是饮水清洁卫生，节约用水，无需清洗。缺点是每层鹌鹑笼都需设置减压水箱。每个乳头可供 15 只 0～6 周龄雏鹑、8 只 7 周龄以上鹌鹑饮用。

与阶梯笼养配套的自动饮水系统由过滤器、减压装置和 PVC 管道，以及乳头饮水器组成，实现了鹌鹑饮水的自动化，可避免水源污染，提高劳动效率，降低鹌鹑生病的风险。

图 2-32　乳头式饮水器

（四）通风设备

1. 湿帘及风机（图 2-33 至图 2-35）

图 2-33　湿　帘

图 2-34　风　机

图 2-35　鼓风机

2. 电风扇及空调

电风扇主要有吊扇和圆周扇。电风扇一般作为自然通风的辅助设备，安装位置和数量应根据鹑舍面积和饲养数量而定。

（五）光照设备

光照对鹌鹑的精神、食欲、消化、生长发育、性成熟、产蛋率等都会产生一定的影响，生产中多采用节能灯（图 2-36）。光照控制设备一般采用电子光照控制器（图 2-37），其功能主要有：设定开启和关闭时间、设定光度调节等。因此，有效控制光照时间和光照强度，符合节能生态低碳的现代养殖要求。

图 2-36 节能灯

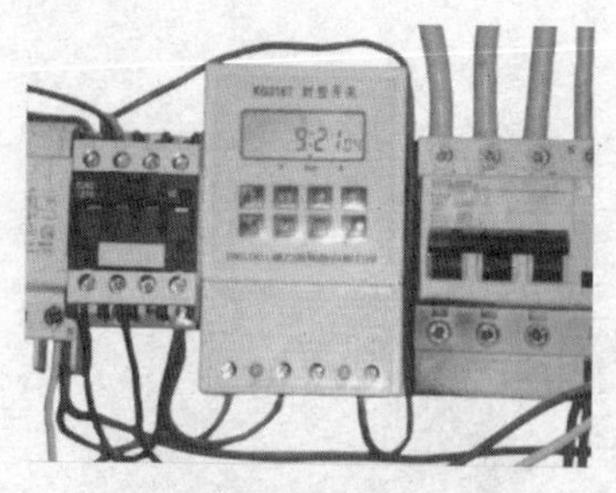

图 2-37 光控仪

（六）温控设备

通常鹑舍温度低于 15℃会影响鹌鹑产蛋；低于 10℃时，鹌鹑停止产蛋；温度过低，则会造成鹌鹑死亡。当温度低于 10℃时，应增设取暖设施，尤其在冬季应注意做好保暖工作。常用的温控设备有热风炉、保温伞、煤炉、红外线灯、温度计等(图 2-38 至图 2-43)。

图 2-38 热风炉

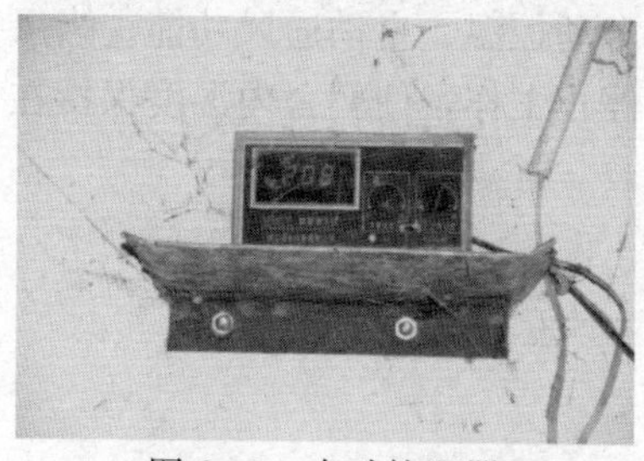

图 2-39 自动控温器

图 2-40　保温伞

图 2-41　煤　炉

图 2-42　红外线灯

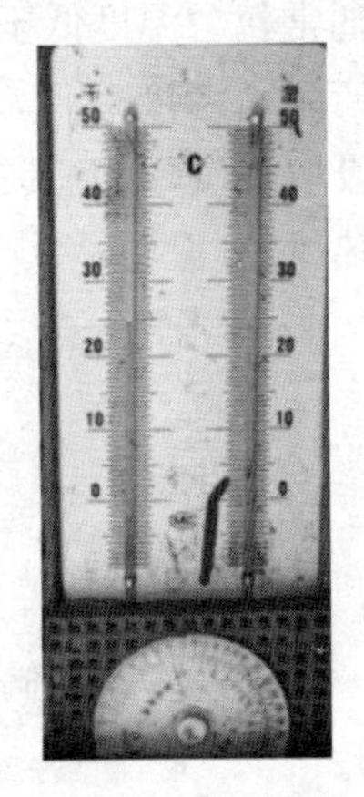

图 2-43　温湿度计

热风炉具有自动控温、自动通风功能。当风口温度达到设定值时，设备自动停止工作，使鹑舍内温度保持在一定范围之内。

第三章 鹌鹑品种

一、鹌鹑品种介绍

鹌鹑经过百年的驯化和培育，迄今已育成 20 多个品种、品系、配套系，分为蛋用型和肉用型两种。优良品种（系）主要有日本鹌鹑、朝鲜鹌鹑、法国迪法克 FW 系肉用鹌鹑、法国莎维玛特肉用鹌鹑、法国菲隆玛肉用鹌鹑、爱沙尼亚鹌鹑、英国白鹑、法国白鹑、美国加利福尼亚白鹑、菲律宾鹌鹑、澳大利亚鹌鹑等。我国也培育了一些优良品种（系），如中国白羽鹌鹑蛋用鹑纯系及其自别雌雄配套系、中国黄羽鹌鹑蛋用鹑纯系及其自别雌雄配套系（神丹 1 号）。

鹌鹑品种的质量将直接影响鹌鹑品质、产量和经济效益，关系到鹌鹑业能否可持续发展。欲想提高鹌鹑场的经济效益，饲养优良品种是首要条件。现将国内外鹌鹑主要品种简介如下。

图 3-1 日本鹌鹑

（引自林其騄）

（一）蛋用型鹌鹑

蛋用型鹌鹑指以产蛋为主要用途的品种、品系和配套系。

1. 日本鹌鹑

【品种由来及分布】 日本

鹌鹑以体型小、产蛋多、遗传性能稳定而闻名于世，为国际公认的培育品种，由日本小田厚太郎于1911年驯化育成，是重要的鹌鹑品种（图3-1）。主要分布于日本、朝鲜半岛、印度及东南亚地区，我国分布不广，数量也较少。

【体型外貌】 体羽呈栗褐色，头部黑褐色，其中央有淡色直纹3条。背羽赤褐色，均匀散布着黄色直条纹和暗色横纹，腹羽色泽较浅。公鹑脸部、下颌、喉部为赤褐色，胸羽呈红砖色；母鹑脸部淡褐色，下颌灰白色，胸羽浅褐色，上缀有粗细不等的黑色斑点，其分布范围似鸡心状。眼虹膜呈红褐色，喙为灰色，脚为肉棕色。叫声为别具一格的哨音。

【生产性能】 成年体重，公鹑110克、母鹑140克。6周龄（限饲条件下）开产，年产蛋250～300枚，高产品系超过320枚。平均蛋重10.5克，蛋壳上布满棕褐色或青紫色的斑块或斑点。

日本鹌鹑适度引进了外血，改称为日本改良鹌鹑，其生产性能得到了提高，成熟早，40日龄即开产，初生重6克左右；生长发育快，6～7周龄内生长极快，10周龄体重可达100～140克；体型小，成年公鹑体重约100克，母鹑约140克；采食量少，平均每只成年鹌鹑采食量仅为25～30克；产蛋量高，平均年产蛋300枚，全年产蛋率达75%～85%，平均蛋重10克。

缺点：对环境要求较高，舍温为20℃时可以全年产蛋，但舍温高于30℃或低于10℃时会使产蛋率下降；种蛋受精率低，一般为50%～70%；饲粮中蛋白质要求高，需达到24%～26%。

2. 朝鲜鹌鹑

【品种由来及分布】 由朝鲜对日本鹌鹑分离选育而成，20世纪90年代在我国分布最广、数量最多，曾是我国蛋鹑中的当家品种（图3-2）。朝鲜鹌鹑经过我国多年来的持续性选育与扩繁，生产性能大为提高，数量也相当巨大，普及面极广，为当前养鹑业的主要良种。纯系除用来繁殖、生产外，还是中国白羽蛋鹑及中国黄羽蛋鹑自别雌雄配套系的母系母本。

图 3-2　朝鲜鹌鹑
（引自林其騄）

【体型外貌】 体型中等，大于日本鹌鹑，羽色与日本鹌鹑类似。

【生产性能】 成年公鹑体重 125～130 克，母鹑 150～170 克。40～50 日龄开产，年产蛋 270～280 枚，年产蛋率 75%。蛋重 10.5～12 克。蛋壳具有褐色或青紫色的斑块或斑点。每只鹌鹑日耗料 23～25 克，料蛋比为 3.3∶1。朝鲜鹌鹑的种用日龄为 90～300 天。

3. 中国白羽鹌鹑

【品种由来】 原称北京白羽鹌鹑，由北京市种鹌鹑场牵头选育，由朝鲜鹌鹑隐性突变而来，属隐性白羽类型，为我国自行培育的高产新品系（图 3-3）。

【体型外貌】 体型优美，体羽呈白色，有浅黄色条斑。初生雏鹑为淡黄色胎毛，待初级换羽后（2 周龄）即换为白色羽。眼粉红色，属不羞明型。喙、脚为肉色或淡黄棕色。

【生产性能】 成年公鹑体重 130～140 克，母鹑 160～180 克。6 周龄开产，年产蛋率 85%以上，年产蛋 270～300 枚，显著高于朝鲜鹌鹑。蛋重 11.5～13.5 克。每日耗料 25～27 克，料蛋比为 2.73∶1。种用日龄为 90～300 天。

图 3-3　中国白羽鹌鹑

4. 中国黄羽鹌鹑

我国在黄羽鹌鹑上的选育更加活跃，也取得了显著成绩，分别培育了神丹 1 号、南农黄羽系鹌鹑、河南周口黄羽系。

(1) 神丹 1 号

【品种由来】由湖北省农业科学院与湖北神丹健康食品有限公司联合研发，2011 年获得国家畜禽遗传资源委员会的认定，属于体型轻的小型蛋鹑，是制作皮蛋的专供品系（图 3-4）。

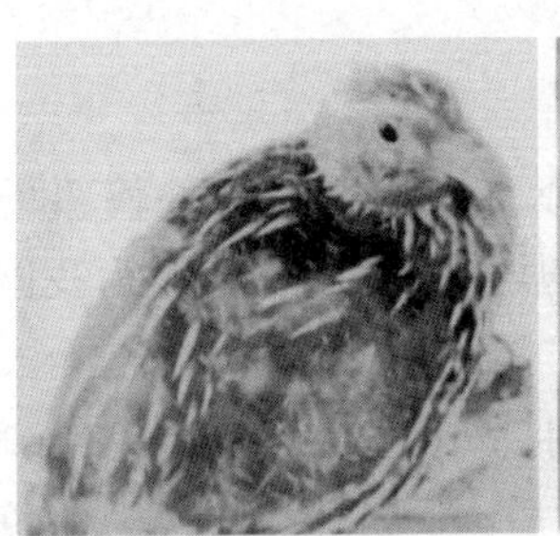

图 3-4　神丹 1 号鹌鹑

（引自林其騄）

【体型外貌】体型较小，体羽浅黄色或栗褐色。

【生产性能】成年公鹑体重 110～130 克，母鹑 130～150 克。45 日龄开产，年产蛋 250～300 枚。平均蛋重 10.5～11.5 克。

（2）南农黄羽系鹌鹑

【品种由来及分布】由南京农业大学种鹌鹑场选育（图3-5）。

【体型外貌】体型中等，与朝鲜鹌鹑相近，体羽呈浅黄色。

【生产性能】开产日龄、蛋重与朝鲜鹌鹑相近，但产蛋率和抗病力超过朝鲜鹌鹑，年平均产蛋率超过83%，高峰产蛋率达93%～95%。

（3）河南周口黄羽系

【品种由来及分布】由河南科技大学和周口职业技术学院等选育。

图3-5　南农黄羽系鹌鹑

（引自林其騄）

【体型外貌】体羽基本为黄麻色或黄褐色，与栗色的朝鲜鹌鹑相比明显不同，背部棕色比例大，但棕色羽片上带有金黄色柳叶状条斑和横斑，使背部发黄。

【生产性能】体型与朝鲜鹌鹑相近，体重相当。成年公鹑体重100～110克，母鹑120～150克。51日龄开产。平均蛋重11.5克。300日龄产蛋213枚。

5. 爱沙尼亚鹌鹑

【品种由来及分布】蛋肉兼用型的鹌鹑品种，我国饲养很少。

【体型外貌】羽色为赫石色与暗褐色相间。公鹑胸部为赫褐色，母鹑胸部为带黑斑点的灰褐色。能飞翔，无就巢性。

【生产性能】母鹑比公鹑重10%～12%。爱沙尼亚鹌鹑有些生产指标超过蛋鹑与肉鹑的性能，在生长速度上也好于日本鹌鹑。47日龄开产，年产蛋315枚，年平均产蛋率86%，年平均产蛋总量3.8千克。成年鹌鹑每天耗料量为28.6克，每千克蛋重耗料2.62千克。

（二）肉用型鹌鹑

肉用型鹌鹑指以产肉为主要用途的品种、品系和配套系。其商品种蛋孵化出雏后，不论雌雄，经15～40天饲养、育肥，成为肉用仔鹑上市或再加工。

1. 法国迪法克肉用鹌鹑

【品种由来及分布】又称法国迪法克FW系肉用鹌鹑、法国巨型肉用鹌鹑（图3-6），北京市种鹌鹑场、江苏省淮阴市鹌鹑场、无锡市郊区畜禽良种场等单位从法国引进。国内主要分布在北京周边地区、江苏等地。

【体型外貌】体型硕大，头、喙小。初生雏胎毛色泽鲜明，头部金黄色，胎毛直至1月龄后才逐渐消失。成年鹌鹑体羽呈黑褐色，间杂有红棕色的直纹羽毛，头部黑褐色，头顶有3条浅黄色直纹，尾羽短。公鹑胸部羽毛呈红棕色；母鹑为灰白色，其上缀有黑色斑点。

图3-6　法国迪法克肉用鹌鹑

【生产性能】该品系适应性和生活能力强。成年体重公鹑300～350克，母鹑350～450克。38～43日龄开产，7周龄逐步进入产蛋高峰，年产蛋263枚，平均产蛋率70%～75%。种鹑繁殖期为5～6月。种用日龄为90～200日龄。蛋重12.5～14.5克。肉用仔鹑国外最佳质量屠宰时间为45日龄。6周龄均重240克。

2. 法国莎维玛特肉用鹌鹑

【品种由来及分布】我国上海等引进，推广面大，在全国普遍深受欢迎。

【体型外貌】本品系体型硕大，其体型、体态和羽色与法国迪法克肉用鹌鹑基本相同（图 3-7）。

图 3-7 法国莎维玛特鹌鹑
（引自林其騄）

【生产性能】该品系生长速度快，饲料转化率高，适应性和抗病力比法国迪法克肉用鹌鹑强，某些生产性能指标已超过法国迪法克肉用鹌鹑（表 3-1、表 3-2）。成年公鹑体重 250～300 克，母鹑 350～450 克。35～45 日龄开产，年产蛋 250 枚以上，蛋重 13.5～14.5 克。肉用仔鹑 5 周龄均重超过 220 克。

表 3-1 法国莎维玛特与法国迪法克肉用鹌鹑国内饲养对比试验

周龄	周末平均体重（克）		平均增重（克）		平均耗料（克）		料重比	
	莎维玛特	迪法克	莎维玛特	迪法克	莎维玛特	迪法克	莎维玛特	迪法克
1	30.5	31.61	21.84	23.17	28.0	30.37	1.28∶1	1.31∶1
2	70.45	70.70	39.95	39.09	70.4	75.30	1.76∶1	1.92∶1
3	125.34	110.0	54.89	39.30	105.30	116.47	1.92∶1	2.95∶1
4	180.37	159.39	55.03	49.39	136.85	147.44	2.48∶1	2.98∶1
5	226.11	199.6	45.74	40.21	208.6	217.84	4.56∶1	5.42∶1

表 3-2　法国莎维玛特与法国迪法克肉用鹌鹑产蛋率比较

开产后时间（月）	产蛋率（%）	
	莎维玛特	迪法克
1	52.31	49.11
2	70.50	68.70
3	88.44	82.58
4	88.15	87.12
5	86.50	83.33
6	84.43	79.81

3. 法国菲隆玛肉用鹌鹑

【品种由来及分布】由中国种畜进出口公司引进，我国饲养量较少。

【体型外貌】均属于大型、栗羽型，脚略矮，体形圆，其他基本与法国迪法克 FW 系肉用鹌鹑相同。

【生产性能】该品系适应性和生活能力强，成年体重 300～350 克。38～43 日龄开产，7 周龄逐步进入产蛋高峰。年产蛋 263 枚，平均产蛋率 70%～75%。蛋重 12.5～14.5 克。种鹑繁殖期为 5—6 月，种用日龄为 90～200 日龄。肉用仔鹑 28 日龄体重比法国莎维玛特的高 8%～10%。

二、养殖模式及引种要求

1. 养殖模式

要想养好鹌鹑，必须清楚自己养鹌鹑的定位和目的。根据自身定位，决定养殖模式，选择适宜的品种和合理的规模。目前鹌鹑饲养主要有副业形式、专业户形式、规模化养殖 3 种模式。

（1）副业养殖模式　如果资金有限，需谨慎控制养殖规模、人力和场地。尽量利用闲置场地，不另外占用家里的壮劳力，由妇女、老人养殖蛋鹌鹑 3 000 只左右，或每批饲养肉鹌鹑 5 000 只，既可取得较好的经济效益，也不耽误照顾家庭和农活。

鹑苗应从有供种资质、信誉良好、技术服务专业的种鹑场选购。蛋鹌鹑品种应具有适应力强、产蛋多、耐粗、抗病力强等特点，我国自主培育的中国白羽鹌鹑、中国黄羽鹌鹑都是优良品种，成活率高，非常适合我国饲养。肉鹌鹑品种应具有体型大、生长快、出栏早、适应力强等特点，法国迪法克、莎维玛特都是良好的肉用鹌鹑品种，已适应我国各种气候，南至海南岛，北至黑龙江，均可健康成长。同时，养殖户还要根据市场行情适当调整规模和品种，确保市场行情好时赚大钱，市场行情不好时不亏本，最终成为养殖业中的赢家。

（2）专业户养殖模式　如果有一定经济实力，积累了较好的养殖技术，场地和人员也都到位，不妨全家一起专门经营鹌鹑养殖项目（图 3-8）。蛋鹌鹑养殖量可在 10 000 只以上，每批肉鹌鹑养殖量可在 20 000 只以上，每天 8 小时按步骤完成 1 个工作日常管理工作。鹌鹑市场相对稳定，销售价格波动不大，只要技术跟上、管理到位、经营得当，每月收入可达 3 000～5 000 元，经济效益还是可观的。

图 3-8　专业养鹑场

（3）规模化养殖模式　近年来，随着社会的发展，畜禽养殖业不断向集约化、规模化、工厂化、现代化方向发展。规模化养殖是传统畜牧业向现代畜牧业转变的必由之路，它集科学技术、现代管理、先进生产工艺于一体，是提高畜牧业经济效益的有效途径，鹌鹑规模化养殖也逐渐兴起（图 3-9）。

图 3-9 规模化养鹑场

2. 引种要求

（1）了解市场需求 我国地域辽阔，消费水平与风俗习惯不尽相同。因此，须首先进行市场调查，了解市场需求，避免盲目上马。

（2）了解各品种（品系、配套系）的适应性 适应性是引种前首先考虑的条件，须了解其生活习性和对环境、饲养管理条件的要求。只有适应当地的品种（系），其存活率才能高，生产性能才能得到充分发挥。

（3）了解各品种（品系、配套系）的生产性能 生产性能是引种的基本出发点。只有具备良好的生产性能的品种，才会取得较好的经济效益。

（4）了解供种单位的资质与服务水平 目前国内供种鱼目混珠现象时有发生，需注意防范，切忌到无合格证的土炕坊、散户、小型养殖场去引种。国家对供种有明确的法律法规和质量管理体系，引种时须查供种单位三证，即企业法人营业执照（图 3-10）、动物防疫条件合格证（图 3-11）、种畜禽生产经营许可证（图 3-12）；同时，了解供种单位技术水平、服务能力等。

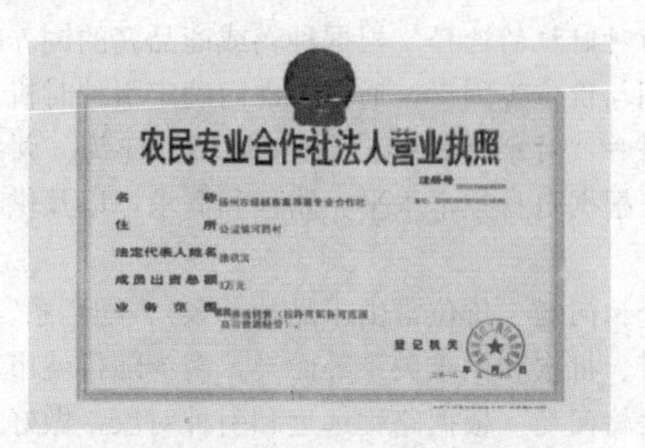
农民专业合作社法人营业执照

名　　称

住　　所

法定代表人姓名

成员出资总额

业务范围

登记机关

图 3-10　企业法人营业执照

动物防疫条件合格证

（副本）

单位名称：

法定代表人（负责人）：

单位地址：

经营范围：

根据《中华人民共和国动物防疫法》规定，经审查，动物防疫条件合格，特发此证。

发证机关

监督检查情况

图 3-11　动物防疫条件合格证

种畜禽生产经营

许可证

（副本）

单位名称

法定代表人

单位地址

生产范围

经营范围

有效日期

发证机关

注意事项

图 3-12　种畜禽生产经营许可证

（5）引种时机的选择　根据种鹑或商品鹑的饲养时期、商品的上市时间与价位等因素，通盘考虑而确定引种时机。

（6）引种“对象”（种蛋、初生雏鹑、仔鹑、成年鹌鹑）的考虑　主要根据自身技术水平、路程和需求，以及供种场的货源情况而定。

（7）价位问题　价位常由于品种（系）、配套系、鉴别母雏、季节、数量、批次和供求关系等而异，多为随行就市。

（8）运输问题　根据路程远近和引种对象，做好运输的相关准备，跨省运输前须提前办理《跨省引进乳用种用动物检疫审批表》，做好消毒卫生工作，活鹑还要做好保温、通风等工作。

（9）勿去疫区引种　引种前必须了解供种场及其地区有无烈性传染病流行（如禽流感、新城疫等），防止带来疫病，招致严重的经济损失。

（10）应有市场风险意识　引种者既要融入产业化、现代化潮流，又要及时掌握市场、技术和经济信息，切忌投资盲目性、经营主观性、技术随意性，克服小农意识与大生产的矛盾，以获得综合性效益。

（11）引种者自身条件　包括可行性估测、论证、养殖定位、规模、经营水平、技术水平、资金、销路等。

三、杂交组合的选择

不同品种间的公母鹑交配称为杂交。由两个或两个以上的品种杂交所获得的后代，具有亲代品种的某些特征和性能，丰富和扩大了遗传物质基础和变异性，因此，杂交是改良现有品种和培育新品种的重要方法。

根据杂交目的不同，可将杂交分为育种性杂交（级进杂交、导入杂交和育成杂交）和经济性杂交（简单经济杂交、三元杂交和生产性双杂交）。

1. 级进杂交

级进杂交，又称改良杂交、改造杂交、吸收杂交，指两个品种杂交，其杂交后代连续几代与其中一个品种进行回交，最后所得的鹌鹑群体基本上与此品种相近，同时亦吸收了另一个品种的个别优点。在进行杂交时应注重：①根据提高生产性能或改变生产性能方向选择合适的改良品种；②对引进的改良公鹑进行严格的遗传测定；③杂交代数不宜过多，以免外来血统比例过大，导致杂交品种对当地的适应性下降。

2. 导入杂交

若某个品种基本上能满足需要，但个别性状不佳，难以通过纯繁得到改进，则选择此性状特别优良的另一个品种进行杂交改良。杂交后代连续 3～4 代与原有品种回交，可纠正原有品种的个别缺点，从而提高鹑群的生产性能。此方式常称为引入杂交或导入杂交。在进行导入杂交时应注重：①针对原有种群的具体缺点，进行导入杂交试验，确定导入种公鹑品种；②对导入种群和种公鹑严格选择。

3. 育成杂交 育成杂交是通过两个或两个以上的品种进行杂交，使其后代同时结合几个品种的优良特性，可扩大变异范围，显示多品种的杂种优势，还可以创造出亲本所不具有的新的经济性状，提高后代的生活力及生产性能。育成杂交一般分为杂交阶段、横交固定阶段和自群繁育阶段 3 个阶段。进行育成杂交时应注重：①要求外来品种生产性能好、适应性强；②杂交亲本不宜太多，以防遗传基础过于混杂，导致固定困难；③当杂交出现理想型时，应及时固定。

4. 简单经济杂交

简单经济杂交（二系配套）指两个种群进行杂交，利用商品代的杂种优势进行商品鹑生产（图 3-13）。

进行经济杂交时应注重：在大规模杂交之前，必须进行配合力测定。配合力是指不同种群的杂交所能获得的杂种优势程度，

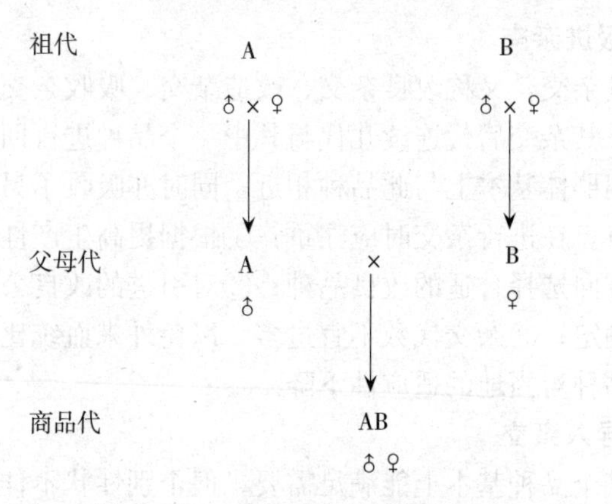

图 3-13　二系配套二级繁育体系

是衡量杂种优势的一种指标。配合力有一般配合力和特殊配合力两种，应选择最佳特殊配合力的杂交组合。

5. 三元杂交

三元杂交（三系配套）指两个种群的杂种一代和第三个种群相杂交，利用含有三个种群血统的多方面杂种优势进行杂交(图 3-14)。

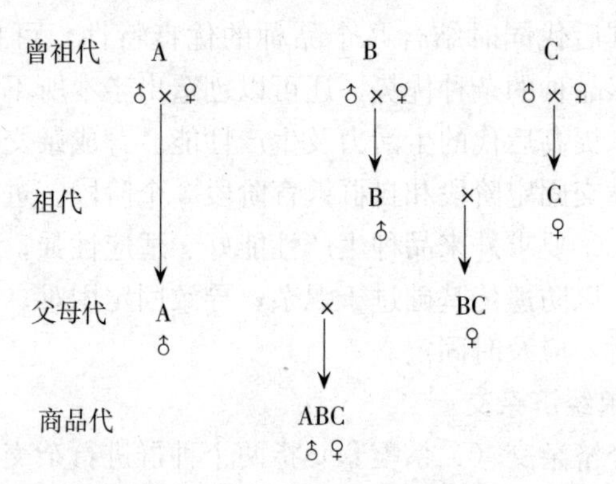

图 3-14　三系配套三级繁育体系

6. 生产性双杂交

生产性双杂交（四系配套）指将四个种群分为两组，先各自杂交，在产生杂种后，杂种间再进行第二次杂交（图 3-15）。现代育种常采用近交系（近交系数达 37.5%以上的品系）、专门化品系（专门用于杂交配套生产用的品系）或合成系，以优良品系为基础，通过品系间多代正反交，对杂种封闭选育形成的新型品系相互杂交。

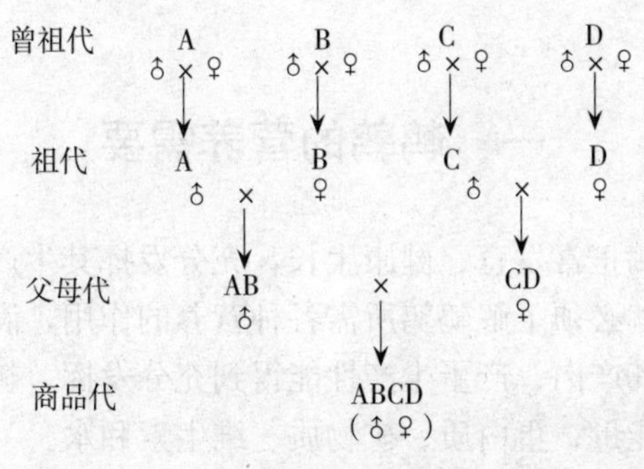

图 3-15　四系配套三级繁育体系

进行生产性双杂交时应注意：①对体系内各级种群的要求是不同的。例如在鹌鹑的四系配套中，父本品系总的要求是体重大、早期生长发育快，其中对 A 系的体重和早期生长速度要求更高，而对 B 系则要求有更强的生活力。母本品系总的特点是生活力强、产蛋量高，其中对 C 系要求蛋大和早期生长速度较快，而对 D 系则要求生活力更强和产蛋量更高。②体系内各级种群的任务也是不同的。例如在三级体系内，对于曾祖代，主要是根据育种任务和目标进行选优提纯，同时为其他层次提供优秀的后备种鹌鹑；对于祖代，主要是将曾祖代所培育的纯种扩大繁殖和为父母代提供足够数量的纯种或杂种后备种鹌鹑；对于父母代，主要是繁殖生产商品用鹌鹑。

第四章<<< 鹌鹑的营养需要及饲料配制

一、鹌鹑的营养需要

要使鹌鹑正常发育、健康生长，充分发挥其生产性能，保证雏鹑品质，就必须了解鹌鹑所需各种营养的作用，满足鹌鹑的营养需要，使其产肉、产蛋生产性能得到充分发挥。鹌鹑的营养需要主要包括能量、蛋白质、矿物质、维生素和水。

（一）能量

能量是鹌鹑最基本的营养需要。鹌鹑的一切生理活动过程，包括运动、呼吸、循环、繁殖、吸收、排泄、神经活动、体温调节等都需要能量。饲料中的营养物质进入机体，经消化后，大部分转变成各种形式的能量。这些能量一部分以体热的形式散失和经粪便排出体外，其余用于维持生命活动和产肉（蛋）的需要。

鹌鹑对能量的需要可分为维持需要和生产需要两部分。

1. 维持能量需要

维持能量需要包括基础代谢和非生产活动的能量需要。鹌鹑采食的饲料能量，大部分消耗在维持需要上，如果能设法降低维持需要的能量，就会有更多的能量用于生产。基础代谢能量的需要与鹌鹑的体重有密切关系，鹌鹑的体重越大，单位重量需要的维持热能就越大。非生产活动需要的能量与鹌鹑的饲养方式、品种特征有关，在饲养方式方面，因为笼养鹌鹑的活动量受到很大的限制，所以其非生产活动需要的能量比放养鹌鹑的少。环境温度与能量维持需要也有关系，鹌鹑在适温时所消耗的能量最低，在环境低温时，鹌鹑身体代谢就会加快，以产生足够的热能来维持正常的体温，因此，低温比适温时维持需要的能量多。

2. 生产性能量需要

生产性能量需要与鹌鹑的生产性能有密切的关系。生长期的鹌鹑，其体内沉积的脂肪越多，所需能量就越多。鹌鹑体内脂肪沉积随年龄增加而增加，因而单位体重所需要的能量也增加。产蛋多的鹌鹑，为满足于生产需要的能量，所需要的能量也多，单位体重所消耗的饲料也会比产蛋少的鹌鹑多。

鹌鹑所需要的能量来源于碳水化合物、脂肪和蛋白质。日粮中碳水化合物及脂肪是能量的主要来源，蛋白质多余时会分解产生热能。碳水化合物包括淀粉、糖类和纤维，在饲料中含量最多，是主要的能源。经消化道吸收的碳水化合物（主要是葡萄糖）在体内氧化时能释放能量供鹌鹑使用。吸收葡萄糖较多时，一部分转化为肝糖，贮存在肝脏和肌肉中备用。大量多余的碳水化合物在体内转化为脂肪，积存在脂肪组织中，以备机体需要时提供能量。碳水化合物中的粗纤维很难消化，在日粮中含量应不超过5%；然而，粗纤维能促进肠蠕动，帮助消化。若纤维含量过低或缺乏，则会导致肠蠕动不充分，引起消化不良。脂肪的发热量为碳水化合物的2.25倍，是很好的能源，但从价格上考虑，不宜作为饲料中能量的主要来源。肉用仔鹑对能量的需要量较大，有时需要添加油脂以补充能量。蛋白质也可以用来生产热能，但由于蛋白质的价格昂贵，且从资源合理利用方面考虑，也不宜成为供给能量的营养物质。

鹌鹑在自由采食时有通过调节采食量来满足能量需要的本能，即鹌鹑是按能量需要采食的，日粮能量水平降低时，鹌鹑的采食量会多些；反之，采食量会少些。鹌鹑总是按其需要摄取一定的能量，采用不同能量水平的日粮，就会使鹌鹑的采食量发生变化，从而导致蛋白质和其他营养物质的摄取量也发生变化。因此，日粮中能量与其他营养物质的正常比例是确定鹌鹑营养需要时首先考虑的问题。在配合日粮时，首先要确定适宜的能量，然后在此基础上确定蛋白质及其他营养物质的需要，即要确定能量含量与其他营养物质的合理比例，如每兆焦能量所含的蛋白质量或各种必需氨基酸量等。一般来说，日粮是高能量水平的，鹌鹑的采食量就少，日粮蛋白质和其他营养物质的含量就要相应提高；如日粮是低能量的，鹌鹑的采食量就多，日粮中的蛋白质及其他营养物质的含量就可适当减少。

鹌鹑的能量计算通常采用代谢能。代谢能是饲料中的可利用能量减去粪中和尿中的能量后所得到的能量，其计算单位为千焦或兆焦。

（二）蛋白质

蛋白质是生命的重要物质基础，是鹌鹑组织和鹌鹑蛋的主要成分。鹌鹑的肌肉、皮肤、羽毛、体液、神经、内脏器官，以及激素、抗体等均含有大量蛋白质。鹌鹑在生长发育、新陈代谢、繁殖后代过程中都需要大量蛋白质来满足细胞组织更新、修补的需要。蛋白质的作用不能由其他营养物质来代替。脂肪和碳水化合物都缺少蛋白质所具有的氮元素，因而在营养功能上不能代替蛋白质的作用。

饲料蛋白质的营养价值主要取决于氨基酸的组成。蛋白质是由 20 种以上的氨基酸构成，其中有相当一部分在鹌鹑体内可以合成，不一定需要从饲料中获取，这一类氨基酸称为非必需氨基酸；有一些氨基酸在鹌鹑体内无法合成，或合成量不能满足鹌鹑需要，必须从饲料中摄取，这一类氨基酸则称为必需氨基酸。必需氨基酸又可分为两类：一类是在饲料中含量较多，为鹌鹑所必需，比较容易满足鹌鹑的营养需要，称为非限制性氨基酸；另一类在饲料中含量较少，不容易满足鹌鹑的营养需要，称为限制性氨基酸。

日粮中蛋白质和氨基酸不足时，鹌鹑生长缓慢，食欲减退，羽毛生长不良，性成熟晚，产蛋少，蛋重减轻，雏鹑消瘦。蛋白质和氨基酸严重缺乏时，鹌鹑采食停止，体重下降，卵巢萎缩。所以，要维持鹌鹑的生命，保证雏鹑正常生长，蛋鹑、种鹑正常产蛋，就必须在饲料中提供足够的蛋白质和氨基酸。饲料中各种氨基酸的含量因饲料种类不同而有很大差异。几种饲料配合，氨基酸含量可取长补短，饲料营养价值明显提高。因此，在为鹌鹑配日粮时，要选用多种饲料，尽量保证日粮内氨基酸含量的平衡，提高蛋白质的利用效率。须注意的是，日粮中蛋白质含量过高，不但不会有良好的饲养效果，反而会使鹌鹑排泄的尿酸盐增多，造成肾脏机能受损，严重时在肾脏、输尿管或身体其他部位有大量尿酸盐沉积，造成痛风，甚至引起死亡。

如前所述，鹌鹑日粮中的能量水平决定了鹌鹑的采食量。根据这一原则，若要确定蛋白质的需要量，首先应明确日粮的能量水平，准确掌握鹌鹑每日的采食量，然后才能确定日粮中每单位能量的蛋白质和氨基酸的需要量。

在日粮中，蛋白质和能量应有一定比例，即蛋白能量比［以每兆焦代谢能所含的蛋白质量（克）表示］。若日粮能量含量高，蛋白质含量则相应提高，反之则相应降低。鹌鹑适宜的蛋白能量比为16.7～20.3克/兆焦。

（三）维生素

维生素为鹌鹑健康、生长、生产、繁殖所必需。维生素分为脂溶性维生素和水溶性维生素两大类。脂溶性维生素在鹌鹑体内有一定贮存，水溶性维生素一般很少贮存，必须通过日粮中供给。各种维生素的主要作用和缺乏症状见表4-1。

表 4-1　维生素的作用和缺乏症状

种　类	主要作用	缺乏症状	备　注
维生素 A	促进骨骼的生长，保护呼吸道、消化道、泌尿生殖道上皮和皮肤的健康，为眼内视紫质的组分	引起黏膜、皮肤上皮角化变质，生长停滞，干眼病，夜盲症，产蛋率、孵化率下降	植物中只有胡萝卜素，在动物体内可转化为维生素 A
维生素 B_1（硫胺素）	是碳水化合物代谢所必需的物质，抑制胆碱酯酶的活性，保证胆碱能神经的正常传递	食欲减退，肌肉麻痹，全身抽搐，呈“观星”状，产蛋下降	谷类饲料中含有丰富的维生素 B_1，但应注意保管，避免霉变
维生素 B_2（核黄素）	是组成体内 12 种以上酶体系统的活性部分，在生物氧化过程中起着氢的作用	使机体的整个新陈代谢作用降低，生长缓慢，瘫痪，产蛋减少	容易缺少
泛酸（遍多酸）	参与糖类、脂肪和蛋白质的代谢	羽毛生长阻滞和松乱；孵出的雏鹑体重不足和衰弱，易死亡	鹌鹑需要量较多，容易缺乏
烟酸（尼克酸）	是体内营养代谢所必需的物质，与维持皮肤、消化器官和神经系统的功能有关	生长迟缓，羽毛不良，眼周炎，口炎，下痢，跗关节肿大	许多谷实中虽有烟酸，但不能被很好地利用
维生素 B_6（吡哆素）	对蛋白质代谢有重要影响，与红细胞形成及内分泌有关	食欲下降，生长不良，贫血，骨短粗病，双腿神经性颤动，产蛋少，孵化率低	
叶酸	影响核酸的合成，促进蛋白质的合成和红细胞的形成	生长不良，贫血，羽毛色素缺乏	
维生素 B_{12}（钴维生素）	生物合成核酸和蛋白质的必需因素，促进红细胞的发育和成熟	生长缓慢，贫血，营养代谢紊乱	

（续）

种　类	主要作用	缺乏症状	备　注
胆碱	参与脂肪代谢	脂肪肝病或脂肪肝综合征	日粮蛋白质含量降低时易缺乏
维生素C（抗坏血酸）	形成胶原纤维所必需，影响骨和软组织细胞间质的结构	败血症	体内能合成，高温、应激时应增加
维生素D	参与机体的钙、磷代谢，促进钙、磷在肠道的吸收以及在骨骼中的沉积	佝偻病，骨软症，喙和趾变软，产蛋减少，蛋壳变薄，孵化率降低	皮肤在阳光或紫外线照射下能合成维生素D
维生素E（生育酚）	天然抗氧化剂（作用似硒），预防脑软化症	引起脑软化症、渗出性素质和肌肉萎缩症，孵化率下降	青饲料、种子胚芽中含量丰富，与硒有协同作用
生物素（维生素H）	参与脂肪、蛋白质和糖的代谢	生长迟缓，羽毛干燥、变脆，骨短粗，滑腱症，孵化率下降	
维生素K	是机体内合成凝固酶原所必需的物质，参与凝血过程	血凝时间延长，不易凝固，全身出血	体内能自行合成

（四）矿物质

矿物质是形成动物组织器官的重要成分，主要作用是构成骨骼。矿物质存在于体液和细胞液中，能保持动物体内的渗透性和酸碱平衡，保证各种生命活动的正常进行。

矿物质分为常量元素和微量元素。

1. 常量元素

常量元素指在体内含量大于0.01%的元素，有钙、磷、钾、钠、氯、硫、镁。

2. 微量元素

微量元素指在体内含量小于0.01%的元素，有铁、铜、锌、锰、钴、硒、氟、铬、钼、硅等。

各种矿物质元素的主要作用和缺乏症状见表4-2。

表4-2 各种矿物质元素的主要作用及缺乏症状

元 素	主要作用	缺乏症状	备 注
钙	形成骨骼、蛋壳，与神经功能、肌肉活动、血液凝固有关	佝偻病，产薄壳蛋，产蛋量和孵化率下降	过多时影响锌和其他元素的利用
磷	形成骨骼，与能量、脂肪代谢和蛋白质的合成有关，为细胞膜的组分	佝偻病，异嗜，产蛋量降低	钙磷比例：生长鹑宜（1～2）：1，产蛋鹑宜（3～3.5）：1
钾	保证体内正常渗透压和酸碱平衡，与肌肉活动和碳水化合物代谢有关	生长停滞，消瘦，肌肉软弱	过多会干扰镁的吸收
钠	保证体内正常渗透压和酸碱平衡，与肌肉收缩、胆汁形成有关	生长停滞、减重，产蛋减少	过多且饮水不足时易引起中毒
氯	保证体内正常渗透压和酸碱平衡，形成胃液中的盐酸	抑制生长，对噪声敏感	
镁	组成骨骼，降低组织兴奋性，与能量代谢有关	食欲下降，兴奋、过敏、痉挛	
硫	组成蛋氨酸、胱氨酸等，形成羽毛、体组织，组成维生素B_1和生物素等，与能量、碳水化合物和脂类代谢有关	生长停滞，羽毛发育不良	
铁	为血红素组分，保证体内氧的运送	贫血，营养不良	铁的正常代谢需要足够的铜，铁过多干扰磷的吸收

（续）

元　素	主要作用	缺乏症状	备　注
铜	为血红素形成所必需，与骨的发育、羽毛生长、色素沉着有关	贫血，骨质脆弱，羽毛褪色，跛足	过量中毒
硒	具有高抗氧化作用，对细胞的脂质膜起保护作用	脑软化症、渗出性素质和肌营养不良（白肌病）	硒和维生素 E 之间具有互相补偿和协同作用
锌	骨和羽毛发育所必需，与蛋白质合成有关	食欲丧失，生长停滞，羽毛发育不良	锌过多会影响铜的代谢
锰	为骨的组分，与蛋白质、脂类代谢有关	生长不良，滑腱症，腿短而弯曲，关节肿大	

（五）水

水是动物生长和繁殖必不可少的物质。鹌鹑体内和鹑蛋的含水量约为 70%。水能促进食物的消化和营养吸收，输送各种养分，维持鹌鹑的血液循环，并能排除废物、调节体温、维持正常生长发育。缺水比缺饲料的危害更严重，轻度缺水时，鹌鹑会食欲减退、消化不良、代谢紊乱，影响生长发育；严重缺水会引起鹌鹑中毒甚至死亡。因此，每天必须保证供给鹌鹑充足、清洁、新鲜的饮水。

二、鹌鹑的常用饲料

鹌鹑的常用饲料按性质可以分为能量饲料、蛋白质饲料、矿物质饲料、维生素饲料和添加剂饲料等。

（一）能量饲料

以干物质计，粗蛋白质含量低于 20%、粗纤维含量低于

18%的一类饲料即能量饲料。

1. 玉米

玉米适口性好，能量高，是禽类代谢能的主要来源，在鹌鹑饲料中占 35%～50%。黄玉米对蛋黄和皮肤着色有重要作用。玉米需注意控制水分和仓储，避免发生霉变。饲用玉米国家标准质量指标见表 4-3。

表 4-3 饲用玉米国家标准质量指标

成 分	一 级	二 级	三 级
容重（克/升）	≥710	≥685	≥660
粗蛋白质（%）	≥10.0	≥9.0	≥8.0
粗纤维（%）	<1.5	<2.0	<2.5
粗灰分（%）	<2.3	<2.6	<3.0
水分（%）	≤14.0	≤14.0	≤14.0
霉粒（%）	≤2.0	≤2.0	≤2.0
杂质（%）	≤1.0	≤1.0	≤1.0

2. 小麦

小麦比玉米蛋白质含量高，能量含量低，不含黄色素，含有抗营养因子木聚糖和β-葡聚糖，其在鹌鹑饲料中使用量控制在10%以下。饲用小麦国家标准质量指标见表 4-4。

表 4-4 饲用小麦国家标准质量指标

成 分	一 级	二 级	三 级
容重（克/升）	≥790	≥770	≥750
粗蛋白质（%）	≥11.0	≥10.0	≥9.0
粗纤维（%）	<5.0	<5.5	<6.0
粗灰分（%）	<3.0	<3.0	<3.0
水分（%）	≤12.5	≤12.5	≤12.5
杂质（%）	≤1.0	≤1.0	≤1.0

3. 碎米

碎米养分含量变异较大，在稻谷主产区因碎米价格低廉，可部分取代玉米，但比例不能过高（在日粮中可占10%～20%），因碎米缺乏维生素A、B族维生素、钙和黄色素，使用后会使鹌鹑皮肤、脚胫和蛋黄颜色变浅。饲用碎米国家标准质量指标见表4-5。

表4-5　饲用碎米国家标准质量指标

成　分	一　级	二　级	三　级
粗蛋白质（%）	≥7.0	≥6.0	≥5.0
粗纤维（%）	＜1.0	＜2.0	＜3.0
粗灰分（%）	＜1.5	＜2.5	＜3.5

4. 小麦麸

小麦麸主要特征是高纤维、低容重和低代谢能，其氨基酸组成可与整粒小麦相比，具有促进生长作用。简单的蒸汽制粒可使麦麸的能值改善达10%，磷的有效性提高达20%。建议4周龄以上的鹌鹑日粮中可选配小麦麸，最高为10%。饲用小麦麸国家标准质量指标见表4-6。

表4-6　饲用小麦麸国家标准质量指标

成　分	一　级	二　级	三　级
粗蛋白质（%）	≥15.0	≥13.0	≥11.0
粗纤维（%）	＜9.0	＜10.0	＜11.0
粗灰分（%）	＜6.0	＜6.0	＜6.0

5. 米糠

米糠是生产稻米过程中的副产品，其重量的30%是细米糠，70%是真正的糠。细米糠含大量脂肪和少量纤维，米糠则含有少量脂肪和大量纤维，米糠中含油量达6%～10%，故容易氧化而酸败，不易贮存，可添加乙氧喹（250毫克/千克）等氧化剂或通过热处理（130℃制粒）等方式来进行稳化处理。

饲喂生米糠用量大于40%时常导致生长受抑制和饲料利用效率下降，这与米糠中有胰蛋白酶抑制因子和植酸含量较高有关，4周龄以内鹌鹑的上限为10%，4～8周龄鹌鹑为20%，成年鹌鹑为25%。饲用米糠国家标准质量指标见表4-7。

表4-7 饲用米糠国家标准质量指标

成 分	一 级	二 级	三 级
粗蛋白质（%）	≥13.0	≥12.0	≥11.0
粗纤维（%）	<6.0	<7.0	<8.0
粗灰分（%）	<8.0	<9.0	<10.0

6. 油脂

油脂总能和有效能比一般的饲料高，多数油脂以液体状态进行处理，含有相当数量的不饱和脂肪酸。所有的油脂都必须用抗氧化剂处理，最好在加工场所就加入抗氧化剂，以防酸败。蛋用鹌鹑和种鹌鹑饲料中一般很少采用，仅在肉用鹑中有少量使用报道。

（二）蛋白质饲料

蛋白质饲料是指干物质中粗蛋白质含量在20%以上、粗纤维含量18%以下的饲料。蛋白质饲料可分为植物性蛋白质饲料、动物性蛋白质饲料两种。

1. 植物性蛋白质饲料

植物性蛋白质饲料包括豆类籽实、饼粕类和其他植物性蛋白质饲料。它们不仅富含蛋白质，而且各种必需氨基酸均较谷类为多，其蛋白质品质优良，是配合饲料的主要原料。

（1）大豆饼（粕） 是以大豆为原料取油后的副产品，浸出法取油后的产品称为大豆粕，压榨法取油后的产品称为大豆饼。在鹌鹑日粮中，大豆饼（粕）的用量上限为30%，饲用大豆饼、大豆粕的质量标准见表 4-8 和表 4-9。

表 4-8　饲用大豆饼质量标准

成　分	一　级	二　级	三　级
粗蛋白质（%）	≥41.0	≥39.0	≥37.0
粗脂肪（%）	<8.0	<8.0	<8.0
粗纤维（%）	<5.0	<6.0	<7.0
粗灰分（%）	<6.0	<7.0	<8.0

表 4-9　饲用大豆粕质量标准

成　分	一　级	二　级	三　级
粗蛋白质（%）	≥44.0	≥42.0	≥40.0
粗纤维（%）	<5.0	<6.0	<7.0
粗灰分（%）	<6.0	<7.0	<8.0

（2）棉籽饼（粕）　棉籽饼（粕）含游离棉酚，使用前需要脱毒处理，在鹌鹑日粮中用量上限为 15%。饲用棉籽饼（粕）质量标准见表 4-10。

表 4-10　饲用棉籽饼（粕）质量标准

成　分	一　级	二　级	三　级
粗蛋白质（%）	≥42.0	≥40.0	≥39.0
粗纤维（%）	<12.0	<13.0	<14.0
粗灰分（%）	<6.0	<7.0	<8.0

（3）菜籽饼（粕）　菜籽饼（粕）适口性差，含有芥子碱等抗营养因子，可引起甲状腺肿大，生产性能下降，使用前需脱毒处理，其限制用量为 3%～7%。饲用菜籽饼（粕）质量标准见表 4-11。

表 4-11 饲用菜籽饼（粕）质量标准

成 分	一 级	二 级	三 级
粗蛋白质（%）	≥37.0	≥34.0	≥30.0
粗脂肪（%）	<10.0	<10.0	<10.0
粗纤维（%）	<14.0	<14.0	<14.0
粗灰分（%）	<12.0	<12.0	<12.0

（4）花生饼（粕） 有效能值在饼粕类饲料中最高，但易受黄曲霉素毒素污染，饲用花生饼（粕）质量标准见表 4-12。

表 4-12 饲用花生饼（粕）质量标准

成 分	一 级	二 级	三 级
粗蛋白质（%）	≥51.0	≥42.0	≥37.0
粗纤维（%）	<7.0	<9.0	<11.0
粗灰分（%）	<6.0	<7.0	<8.0

（5）植物蛋白粉 包括玉米蛋白粉、粉浆蛋白粉等。其主要养分含量见表 4-13。

表 4-13 几种植物蛋白粉养分含量

饲料名称	干物质（%）	代谢能（兆焦/千克）	粗蛋白质（%）	钙（%）	磷（%）
玉米蛋白粉（优）	90.1	16.23	63.5	0.07	0.44
玉米蛋白粉（中）	91.2	14.36	51.3	0.06	0.42
粉浆蛋白粉	88.0	—	66.3	—	0.59

（6）浓缩叶蛋白 是从新鲜植物叶汁中提取的一种优质蛋白质补充饲料。市售的浓缩苜蓿叶蛋白，其粗蛋白质含量为38%～61%，蛋白质消化率比苜蓿草粉高得多，使用效果仅次于鱼粉，并优于大豆饼，但含有皂苷，要控制使用量。

2. 动物性蛋白质饲料

鹌鹑常用的动物性蛋白质饲料包括鱼粉、虾粉、肉骨粉、肉粉、蟹粉、血粉等。添加时常与其他饲料配合成日粮，制成颗粒饲料使用。

（1）鱼粉　鱼粉蛋白含量高，含蛋氨酸、赖氨酸及未知促生长因子等有特别价值的优质成分，可以有效提高产蛋率、受精率。因进口鱼粉价格昂贵，并容易造成鹌鹑肉产生腥味，所以商品鹌鹑和肉鹌鹑宜少用。在日粮中应限制用量，0～4 周龄的上限为 8%，4～8 周龄的上限为 10%，8 周龄以上的上限为 10%。农业部颁布的鱼粉质量标准见表 4-14。

表 4-14　鱼粉质量标准

来源		粗蛋白（%）	粗脂肪（%）	水分（%）	盐（%）	沙（%）	色泽	备注
国产	一级	≥55	<10	<12	<4	<4	黄棕色	要求颗粒的 98% 通过 2.8 毫米筛孔
	二级	≥50	<12	<12	<4	<4	黄棕色	
	三级	≥45	<14	<12	<4	<5	黄棕色	
进口	智利鱼粉	67	12	10	3	2	—	要求具有鱼粉的正常气味，无异臭及焦灼味
	秘鲁鱼粉	65	10	10	6	2	—	
	秘鲁鱼粉（加抗氧化剂）	65	13	10	6	2	—	

（2）肉骨粉　大多是加工牛肉和猪肉的副产品，是良好的蛋白质及钙、磷来源，含维生素 B_{12}。肉粉、肉骨粉因原料不同，品质差异很大；另外，需谨防沙门氏菌等病原污染。鹌鹑日粮中限饲量为 6%。肉骨粉一般营养成分见表 4-15。

表 4-15　肉骨粉一般营养成分（%）

成　分	典型含量	变化幅度
粗蛋白质	50	48～53
脂　肪	10	8～12

（续）

成　分	典型含量	变化幅度
灰　分	30	22～35
水　分	5	3～8
钙	10	8～12
磷	5	3～6
有效磷	5	3～6
钠	0.5	0.4～0.6

（3）饲用酵母　利用工业废水、废渣等为原料的单细胞蛋白饲料，其原料接种酵母菌，经干燥而成为蛋白质饲料。在生产中常在无鱼粉日粮中广泛应用酵母，鹌鹑日粮中的用量为2%～3%。饲用酵母主要养分见表4-16。

表4-16　饲用酵母主要养分（%）

成　分	啤酒酵母	石油酵母	纸浆废液酵母
粗蛋白质	51.4	60.0	46.0
粗脂肪	0.6	9.0	2.3
粗纤维	30	22～35	
水　分	2.0	—	4.6
粗灰分	8.4	6.0	5.7

（4）水解羽毛粉　饲用羽毛粉是将家禽羽毛经过蒸煮、酶水解、粉碎或膨化成粉状，蛋白质含量达77%以上的一种动物性蛋白质补充饲料。水解羽毛粉在日粮中的添加上限，0～4周龄为2%，4～8周龄为3%，8周龄以上为3%。

（5）血粉　是以畜禽血液为原料，经脱水加工（喷雾干燥、蒸煮或发酵）而成的粉状动物性蛋白质补充饲料，其粗蛋白含量一般在80%以上。因氨基酸组成非常不平衡，所以日粮中血粉用量一般不超过4%。

（6）蚕蛹粉　是蚕丝工业副产品，粗蛋白含量在60%以上，必需氨基酸组成与鱼粉相当。缺点是具有异味，过量饲喂会影响蛋、肉品质，一般在鹌鹑日粮中宜控制在2%～2.5%。

（三）矿物质饲料

矿物质饲料是补充动物矿物质需要的饲料，包括人工合成的、天然单一的和多种混合的矿物质饲料，以及配合有载体或赋形剂的痕量、微量、常量元素补充料。

鹌鹑常用的矿物质饲料包括石粉、贝壳粉、磷酸氢钙、磷酸钠、氯化钠、碳酸氢钠等。

1. 石粉

石粉主要成分是碳酸钙，含钙量36%～38%，是鹌鹑补充钙质较简单的原料。在鹌鹑日粮中用量为0.5%～2%，蛋鹑和种鹑料中可达7%～7.5%。

2. 贝壳粉

由各种贝壳外壳（蚌壳、牡蛎壳、蛤蜊壳、螺蛳壳等）经加工粉碎而成的粉状或粒状产品，主要成分是碳酸钙，含钙量不低于33%，是鹌鹑补充钙质的重要来源。

3. 蛋壳粉

含钙量34%左右，是鹌鹑理想的钙源，利用率高，用于蛋鹑饲料时所产蛋的蛋壳硬度优于石粉。

4. 磷酸氢钙

是当前工厂化生产饲料中主要钙磷来源，添加量2%左右，注意原材料来源，控制氟的含量。

5. 骨粉

骨粉的主要成分是钙和磷，比例为2∶1左右，并且还富含多种微量元素，符合动物的需要，在鹌鹑日粮中用量为1%～3%。

6. 氯化钠（食盐）

在鹌鹑饲料一般添加为0.25%～0.5%，是鹌鹑饲料中必须添加的物质。

7. 沙砾

可增强鹌鹑肌胃对饲料的研磨力，提高饲料消化率。0～30日龄鹌鹑日粮中可加0.2%～0.5%细沙砾，30日龄后可加1%。

(四) 饲料添加剂

1. 微量元素添加剂

常用微量元素添加剂有无机、有机、螯合、纳米4种形式，无机的应用范围最广泛，常见的有一水硫酸锌、七水硫酸亚铁、五水硫酸铜、一水硫酸锰、七水硫酸钴、碘化钠、亚硒酸钠等。

在鹌鹑生产上通常使用复合微量元素，几乎不用单体微量元素，这样用量容易掌握，购买使用方便。

2. 维生素添加剂

由于大多数维生素具有不稳定、易氧化或被其他物质破坏失效的特点，所以几乎所有的维生素添加剂在生产时都经过特殊加工处理和包装。为了满足不同使用的要求，在剂型上有粉剂、油剂、水溶性制剂等。通常需要添加的有维生素A、维生素D_3、维生素E、维生素K、维生素B_1、维生素B_2、烟酸、泛酸、氯化胆碱及维生素B_{12}，其中氯化胆碱、维生素A及烟酸的使用比例最大。不同品种的鹌鹑对维生素的需求量有所不同。

在鹌鹑生产上通常使用复合维生素，几乎不用单体维生素，最好选用鹌鹑专用的维生素。若购买不到，可选用鸡用的多种维生素代替。

3. 氨基酸添加剂

氨基酸添加剂主要有赖氨酸、蛋氨酸和色氨酸添加剂，又称蛋白质强化剂。通常动物性饲料含蛋氨酸和赖氨酸较多；植物性饲料中只有豆类和饼粕类饲料含较多的赖氨酸，能量饲料则少含蛋氨酸和赖氨酸。为保证饲料中氨基酸的平衡和满足鹌鹑的营养需要，往往需要在饲料中添加氨基酸，一般有赖氨酸、蛋氨酸、色氨酸、苏氨酸等。以玉米、豆粕为主的日粮需要添加蛋氨酸0.05%～

0.20%，赖氨酸0.05%～0.30%，色氨酸0.02%～0.06%。

4. 中草药等植物类

中草药等植物类添加剂的主要作用是保健防病，降低鹌鹑养殖中的应激反应。例如穿心莲粉有抗菌、清热和解毒的功能；龙胆草粉有消除炎症、抗菌防病和增进食欲的作用；甘草粉能润肺止渴、刺激胃液分泌、助消化和增强机体活力。

5. 酶制剂

酶是一类具有生物催化性的蛋白质。饲用酶制剂采用微生物发酵技术或从动植物体内提取，主要分成两类：一类为外源性消化酶，包括蛋白酶、脂肪酶和淀粉酶等；另一类是外源性降解酶，包括纤维素酶、半纤维素酶、β-葡聚糖酶、木聚糖酶和植物酶等。其主要功能是降解动物难以消化或完全不能消化的物质或抗营养物质，从而提高饲料营养物质的利用率。饲用酶制剂无毒害、无残留、可降解，可保护生态环境。

6. 微生态制剂

微生态制剂也称活菌制剂、生菌剂，是由一种或多种有益于动物肠道微生态平衡的微生物（如嗜酸乳杆菌、嗜热乳杆菌、双歧杆菌、粪链球菌、枯草芽孢杆菌、酵母菌等）制成的活菌制剂。作用是在数量或种类上补充肠道缺乏的正常微生物，调节动物胃肠菌趋于正常，抑制或排除致病菌和有害菌，维持胃肠道正常生理功能，达到预防、治疗作用，提高生产性能。长期使用抗生素易引起肠道菌群失调、细菌的耐药性增加，现已经证明使用微生态制剂是防治大肠杆菌病等肠道疾病比较有效的方法。需要提示的是其预防效果好于治疗效果，在生产中可长时间连续饲喂，并且越早越好；注意其与抗生素连用时的颉颃作用，如蜡样芽孢杆菌对磺胺类药物敏感，不应同时使用；另外，微生态制剂不耐高温、高压，运输和使用时必须加以注意。

7. 饲料保存剂

饲料保存剂包括抗氧化剂（乙氧基喹啉、二丁基羟基甲苯、丁基羟基茴香醚等）、防霉剂（丙酸盐及丙酸、山梨酸及山梨酸钾、甲酸、富马酸及富马酸二甲酯等）和着色剂（类胡萝卜素、叶黄素类、胭脂红、柠檬黄、苋菜红等）等。

（五）饲料原料质量控制措施

1. 感官检测

感官检测指以五官来观察原料的颜色、形状、均匀度、气味、质感等。

（1）视觉　观察饲料的形状、色泽，有无霉变、虫蛀、结块、异物掺杂物等现象。

（2）味觉　通过舌舔和牙咬来检查味道，但注意不要误尝对人体有毒、有害物质。

（3）嗅觉　通过嗅觉来鉴别具有特征气味的饲料，核查有无霉味、腐臭、氨味、焦味等。

（4）触觉　取样于手中用手指捻，通过感触来觉察其硬度、滑腻感、有无杂质及水分等。

（5）筛分　使用 8、12、20、40 目的分析筛来测定有无异物。

（6）放大镜　使用放大镜或显微镜来鉴别，内容同视觉观察内容。

2. 常规实验室检测

各种原料重要控制项目见表 4-17。

表 4-17　各种原料重要控制项目

品种	水分	粗蛋白	粗脂肪	粗纤维	粗灰分	钙	磷	其他项目
玉米	☆	☆	☆					杂质、容重、霉变、毒素
小麦	☆	☆						杂质、容重、霉变
高粱	☆	☆						杂质、容重、霉变
豌豆	☆	☆			☆			杂质、容重、霉变
蚕豆	☆	☆			☆			杂质、容重、霉变

（续）

品种	水分	粗蛋白	粗脂肪	粗纤维	粗灰分	钙	磷	其他项目
豆粕	☆	☆			☆			KOH溶解度、脲酶活性
棉粕	☆	☆		☆	☆			毒素、KOH溶解度
菜粕	☆	☆		☆	☆			毒素、KOH溶解度
花生粕	☆	☆			☆			毒素
胚芽粕	☆	☆		☆	☆			毒素
棕榈粕	☆	☆		☆	☆			
椰子粕	☆	☆		☆	☆			
米糠粕	☆	☆		☆	☆			
柠檬酸渣	☆	☆	☆	☆	☆			
蛋白粉	☆	☆	☆	☆	☆			色素含量、氨基酸组成
鱼粉	☆	☆	☆			☆	☆	新鲜度、氨基酸组成、卫生指标
肉粉	☆	☆	☆		☆	☆	☆	新鲜度、氨基酸组成、卫生指标
肉骨粉	☆	☆	☆		☆	☆	☆	新鲜度、氨基酸组成、卫生指标
血粉	☆	☆			☆			新鲜度、氨基酸组成、卫生指标
羽毛粉	☆	☆			☆			
虾壳粉	☆	☆		☆	☆	☆	☆	
石粉						☆		卫生指标
磷酸氢钙						☆	☆	卫生指标
磷酸二氢钙						☆	☆	卫生指标
沸石粉	☆							吸氨值、卫生指标
膨润土	☆							胶质价、膨胀倍数、卫生指标
凹凸棒土	☆							
豆油								脂肪酸组成
猪油	☆							酸价、丙二醛
磷脂油								酸价、含量

（续）

品种	水分	粗蛋白	粗脂肪	粗纤维	粗灰分	钙	磷	其他项目
维生素								含量
微量元素								含量
氨基酸								含量
功能性添加剂								含量

注：具体数值由各公司或使用者灵活掌握。

三、鹌鹑的营养标准

为使鹌鹑饲养有一个科学的准则，许多国家通过长期试验，探索鹌鹑对各种营养物质的需要，制定了鹌鹑饲养标准。我国多是参考国外资料和实践经验，但由于品种、饲料、环境等许多因素均影响鹌鹑对养分的吸收利用效率，因而标准只是一种适合于一般情况下的平均值，在应用时应根据具体条件和实际效果，进行适当修正。

（一）鹌鹑的营养标准

鹌鹑的营养需要标准见表 4-18 至表 4-24，以供参考。

表 4-18　鹌鹑的营养需要

成　分	育雏期	生长期	种用期
	0～2 周龄	3～6 周龄	产蛋期
代谢能（兆焦/千克）	12.13	12.13	12.34
粗蛋白质（%）	28	17	18
钙（%）	1.30	1.10	3.10
有效磷（%）	0.60	0.48	0.45

（续）

成　分	育雏期	生长期	种用期
	0～2 周龄	3～6 周龄	产蛋期
钠（%）	0.18	0.18	0.18
蛋氨酸（%）	0.60	0.51	0.52
蛋氨酸＋胱氨酸（%）	1.10	0.80	0.82
赖氨酸（%）	1.30	0.90	0.85
苏氨酸（%）	1.10	0.85	0.78
色氨酸（%）	0.24	0.22	0.22

引自沈慧乐等译《实用家禽营养》，2010.

表 4-19　鹌鹑对氨基酸的最低需要量

氨基酸	最低需要量（占饲料的百分比，%）
蛋氨酸	0.49
胱氨酸	0.32
赖氨酸	1.27
色氨酸	0.24
精氨酸	1.37
苏氨酸	1.12
缬氨酸	1.05
异亮氨酸	1.00
亮氨酸	1.86
苯丙氨酸	1.06
酪氨酸	0.91
组氨酸	0.40

表 4-20　日本鹌鹑日粮中营养物质的需要量（干物质 90%）

项　目	育雏和生长鹌鹑	种鹌鹑
代谢能（兆焦/千克）	12.13	12.13
粗蛋白质（%）	24.0	20.0
蛋氨酸（%）	0.50	0.45
蛋氨酸＋胱氨酸（%）	0.75	0.70
赖氨酸（%）	1.30	1.00
色氨酸（%）	0.22	0.19
精氨酸（%）	1.25	1.26
亮氨酸（%）	1.69	1.42
异亮氨酸（%）	0.98	0.90
苯丙氨酸（%）	0.96	0.78
苯丙氨酸＋酪氨酸（%）	1.80	1.40
苏氨酸（%）	1.02	0.74
缬氨酸（%）	0.95	0.92
甘氨酸＋丝氨酸（%）	1.15	1.17
亚油酸（%）	1.0	1.0
钙（%）	0.80	2.5
钾（%）	0.4	0.4
钠（%）	0.15	0.15
氯（%）	0.14	0.14
非植物磷（%）	0.30	0.35
铁（毫克/千克）	120	60
锰（毫克/千克）	60	60
镁（毫克/千克）	300	500
锌（毫克/千克）	25	50
铜（毫克/千克）	5	5
碘（毫克/千克）	0.3	0.3

（续）

项　目	育雏和生长鹌鹑	种鹌鹑
硒（毫克/千克）	0.2	0.2
维生素 A（国际单位/千克）	1 650	3 300
维生素 D_3（国际单位/千克）	750	900
维生素 E（国际单位/千克）	12	25
维生素 K（国际单位/千克）	1	1
核黄素（毫克/千克）	4	4
烟酸（毫克/千克）	40	20
维生素 B_{12}（微克/千克）	3	8
胆碱（毫克/千克）	2 000	1 500
生物素（毫克/千克）	0.3	0.15
叶酸（毫克/千克）	1	1
硫胺素（毫克/千克）	2	2
吡哆醇（毫克/千克）	3	3
泛酸（毫克/千克）	10	15

引自美国 NRC 鹌鹑营养需要标准，1994。

表 4-21　鹌鹑的维生素与微量元素的需要

营养成分	最低需要量	营养成分	最低需要量
维生素 A（国际单位/千克）	7 000	烟酸（毫克/千克）	40
维生素 D_3（国际单位/千克）	2 500	胆碱（毫克/千克）	200
维生素 E（国际单位/千克）	40	维生素 B_{12}（微克/千克）	10
维生素 K（国际单位/千克）	2	镁（毫克/千克）	70
硫胺素（毫克/千克）	1	锰（毫克/千克）	40
核黄素（毫克/千克）	6	锌（毫克/千克）	10
吡哆醇（毫克/千克）	3	铜（毫克/千克）	80
泛酸（毫克/千克）	5	碘（毫克/千克）	0.4

（续）

营养成分	最低需要量	营养成分	最低需要量
叶酸（毫克/千克）	1	硒（毫克/千克）	0.3
生物素（微克/千克）	100		

引自沈慧乐等译《实用家禽营养》，2010.

表 4-22　中国白羽鹌鹑营养需要建议量

项　目	0～3 周龄	4～5 周龄	种鹌鹑
代谢能（兆焦/千克）	11.92	11.72	11.72
粗蛋白质（%）	24	19	20
蛋氨酸（%）	0.55	0.45	0.50
蛋氨酸＋胱氨酸（%）	0.85	0.70	0.90
赖氨酸（%）	1.30	0.95	1.20
钙（%）	0.90	0.70	3.00
有效磷（%）	0.50	0.45	0.55
钾（%）	0.40	0.40	0.40
钠（%）	0.15	0.15	0.15
氯（%）	0.20	0.15	0.15
镁（毫克/千克）	300	300	500
锰（毫克/千克）	90	80	70
锌（毫克/千克）	100	90	60
铜（毫克/千克）	7	7	7
碘（毫克/千克）	0.30	0.30	0.30
硒（毫克/千克）	0.20	0.20	0.20
维生素 A（国际单位/千克）	5 000	5 000	5 000
维生素 D（国际单位/千克）	1 200	1 200	2 400
维生素 E（国际单位/千克）	12	12	15
维生素 K（国际单位/千克）	1	1	1

（续）

项　目	0～3周龄	4～5周龄	种鹌鹑
核黄素（毫克/千克）	4	4	4
烟酸（毫克/千克）	40	30	20
维生素 B_{12}（微克/千克）	3	3	3
胆碱（毫克/千克）	2 000	1 800	1 500
生物素（毫克/千克）	0.30	0.30	0.30
叶酸（毫克/千克）	1	1	1
硫胺素（毫克/千克）	2	2	2
吡哆醇（毫克/千克）	3	3	3
泛酸（毫克/千克）	10	12	15

引自北京市种鹌鹑场《白羽鹌鹑鉴定技术文件》，1990.

表 4-23　神丹小型鹌鹑各期营养需要

营养成分	育雏期（0～20日龄）	育成期（21～40日龄）	产蛋期（41～400日龄）		
			产蛋率80%以上	产蛋率70%～80%	产蛋率70%以下
代谢能（兆焦/千克）	12.55	11.72	12.34	11.97	11.72
粗蛋白质（%）	24	22	24	23	22
钙（%）	1.0	2.5	3.0	3.0	2.5
磷（%）	0.8	0.8	1.0	1.0	0.9
食盐（%）	0.3	0.3	0.3	0.3	0.3
碘（毫克/千克）	0.3	0.3	0.3	0.3	0.3
锰（毫克/千克）	90	90	80	80	70
锌（毫克/千克）	25	25	60	60	50
维生素 A（国际单位）	5 000	5 000	5 000	5 000	5 000
维生素 D（国际单位）	480	480	1 200	1 200	1 200
核黄素（毫克/千克）	0.4	0.4	0.2	0.2	0.2
泛酸（毫克/千克）	10	10	20	20	20

（续）

营养成分	育雏期（0～20日龄）	育成期（21～40日龄）	产蛋期（41～400日龄）		
			产蛋率80%以上	产蛋率70%～80%	产蛋率70%以下
烟酸（毫克/千克）	40	40	20	20	20
胆碱（毫克/千克）	2 000	2 000	1 500	1 500	1 500
蛋氨酸（%）	0.5	0.4	0.5	0.5	0.4
蛋氨酸+胱氨酸（%）	0.75	0.70	0.75	0.75	0.65
赖氨酸（%）	1.4	0.9	1.4	1.4	1.0
色氨酸（%）	0.33	0.28	0.30	0.30	0.25
精氨酸（%）	0.93	0.82	0.85	0.85	0.80
亮氨酸（%）	1.0	0.80	0.90	0.90	0.78
异亮氨酸（%）	0.60	0.60	0.55	0.55	0.50
苯丙氨酸（%）	0.90	0.85	0.87	0.87	0.83
苏氨酸（%）	0.70	0.60	0.63	0.63	0.58
缬氨酸（%）	0.30	0.25	0.28	0.28	0.25
甘氨酸+丝氨酸（%）	1.7	1.4	1.4	1.4	0.9

引自湖北神丹集团鸟王种禽有限公司资料，2010。

表 4-24　小型黄羽蛋用鹌鹑营养水平

项　目	育雏期和育成期	产蛋期
代谢能（兆焦/千克）	11.43	10.81
粗蛋白质（%）	21.1	20.1
蛋能比（克/兆焦）	1.85	1.86
蛋氨酸（%）	0.44	0.42
赖氨酸（%）	1.19	1.13
钙（%）	0.75	3.25
有效磷（%）	0.50	0.44

引自湖北神丹集团鸟王种禽有限公司资料，2010。

（二）常用饲粮配方实例

常用饲粮配方实例见表 4-25 至表 4-30。

表 4-25　蛋用型鹌鹑饲粮配方（%）

饲料名称	0～2 周龄	3～5 周龄
玉米	46.0	55.4
豆饼	35.0	33.5
葵花籽饼	3.5	—
骨肉粉	2.5	—
羽毛粉	5.0	2.4
鱼粉	5.0	5.0
骨粉	0.3	0.8
麸皮	2.5	2.5
石粉	—	0.3
赖氨酸	0.2	0.1

表 4-26　朝鲜鹌鹑饲粮配方（%）

饲料名称	0～2 周龄	3～5 周龄
玉米	46.0	55.4
豆饼	35.0	33.5
葵花籽饼	3.5	—
骨肉粉	2.5	—
羽毛粉	5.0	2.4
鱼粉	5.0	5.0
骨粉	0.3	0.8
麸皮	2.5	2.5
石粉	—	0.3
赖氨酸	0.2	0.1

表 4-27　黄羽鹌鹑饲粮配方

饲料名称	1～7 周龄	7 周龄以上
玉米（%）	54.0	55.0
豆饼（%）	25.0	27.0
鱼粉（%）	15.0	8.0
麸皮（%）	4.0	7.0
骨粉（%）	1.0	1.0
贝壳粉（%）	1.0	2.0
细沙砾（每 100 千克中，克）	—	2.5
禽用多维（每 100 千克中，克）	10	20

引自宋东亮等资料，1996。

表 4-28　南京农业大学种鹌鹑场饲粮配方（%）

饲料名称	雏蛋鹑（0～3 周龄）	商品蛋鹑	种鹑	肉用鹑	
				0～3 周龄	4～5 周龄
玉米	60.2	62.2	61.6	51.1	62.5
小麦麸	2.5	3.0	3.0	3.0	3.0
豆粕	19.0	7.9	13.8	24.0	29.3
菜籽粕	5.5	4.1	—	4.2	—
进口鱼粉	10.0	15.0	13.6	15.0	11.4
骨粉	0.5	—	—	0.4	0.4
贝壳粉	0.3	3.7	3.9	0.43	0.37
石粉	0.19	2.0	2.0	0.2	0.2
赖氨酸	0.16	—	—	—	0.17
蛋氨酸	—	—	—	0.07	0.06
食盐	0.15	0.1	0.1	0.1	0.1
预混料	1.0	1.0	1.0	1.0	1.0
细沙砾	0.5	1.0	1.0	0.5	0.5

注：夏季酌减玉米 5%，增加蛋白质料、矿物质、预混料。冬季酌加玉米 5%。

表 4-29　法国肉用鹌鹑饲粮配方（%）

饲料名称	0～2 周龄	3～5 周龄
玉米	46.0	55.4
豆饼	35.0	33.5
葵花籽饼	3.5	—
骨肉粉	2.5	—
羽毛粉	5.0	2.4
鱼粉	5.0	5.0
骨粉	0.3	0.8
麸皮	2.5	2.5
石粉	—	0.3
赖氨酸	0.2	0.1

引自北京市种鹌鹑场内部资料。

表 4-30　法国肉用种鹌鹑饲粮配方

饲　料	育雏期（0～20 日龄）	育成期（21～40 日龄）	种鹑期（40 日龄以后）
玉米粉（%）	56	60.5	54
豆饼粉（%）	26	20	23
鱼粉（%）	3	3	3
蚕蛹粉（%）	5	5	5
麸皮和米糠（%）	3	3	3
槐叶粉（%）	5	5	5
骨粉（%）	2	1.5	2
蛎壳粉或石粉（%）	—	—	5
添加 蛋氨酸（%）	0.15	0.10	0.10
硫酸锰（毫克/千克）	180	180	180
硫酸锌（毫克/千克）	160	160	160
禽用多维（毫克/千克）	120	80	100
食盐（%）	0.2	0.2	0.2

引自北京市种鹌鹑场内部资料。

四、饲料加工技术

（一）饲料生产工艺流程

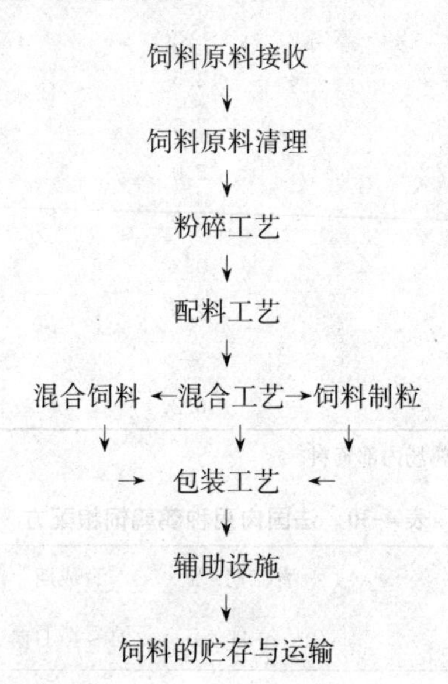

（二）饲料配制与使用

鹌鹑在一昼夜中采食的饲料称为日粮。在日粮中，如果营养物质的种类、数量、质量、比例都能满足鹌鹑需要，这种日粮就可称为平衡日粮或全价日粮。只有采用这种日粮饲养鹌鹑，才能达到高效率、低成本的目的。

1. 配制日粮的原则

（1）根据鹌鹑饲养标准，制订合理的饲料配方　配制日粮时必须考虑能量、粗蛋白质、维生素和矿物质等多种营养成分，应将含能量较高的饲料作为日粮能量的主要来源，由于含能量较高的饲料中蛋白质含量往往比较低，蛋白质营养价值不完善，特别是缺乏蛋氨酸和赖氨酸，因此需要搭配一些蛋白质饲料。此外，要补充维生素、无机盐等。借鉴典型配方，但不要生搬硬套，结合当地实践，制订合理的配方，以满足鹌鹑的生长发育和繁殖的需要。

（2）不同生长阶段、不同生产目的鹌鹑的饲料营养成分需要有所差异　充分考虑这一因素，实行动态的营养成分供给下的饲料配制技术，能有效降低鹌鹑的饲料损耗和营养成分供给过剩的不良影响，降低饲料成本，且能更好地适应鹌鹑生长发育的需要。在不同阶段采用不同的饲料原料进行搭配，也可充分发挥各种营养特别是氨基酸的互补作用。

（3）注意适口性　高粱适口性差且易引起便秘；小麦麸喂多会引起腹泻；菜籽饼、棉籽饼适口性差，多喂易引起中毒，用量不宜超过5%；使用鱼粉时，应注意鱼粉的质量和含盐量。

（4）掌握营养成分，控制粗纤维含量　对每批饲料种类原料应采样进行营养成分分析，作为配料依据，并注意控制日粮中粗纤维含量不宜超过3%

（5）饲料来源稳定　饲料配方中尽可能利用当地充足的饲料资源，减少运输，降低成本。

2. 日粮的料型

（1）粉料　由多种原料经机械分别磨碎后混合而成。特点是生产方便，较易配合，营养全面，易消化吸收。缺点是浪费较大，粉灰大，均匀度差，不易保存，品质不稳定，劳动效率低。

（2）颗粒料　由配合好的粉料经颗粒机压制成不同大小的颗粒料，较坚实。特点是营养全价，适口性好，减少饲料浪费，易贮存和运输。缺点是鹌鹑对颗粒料有嗜食性而增加采食量，制粒成本较高，会破坏部分维生素（需注意补充），增加鹌鹑啄羽的发生率。

五、饲料的保存与运输

（一）产品质量监测

饲料生产原料运输到厂后，在进库前，厂方质检员首先进行感官检查，经检查认定合格的，对原料进行采样，填写抽检单，详细填写送货人、品名、数量、来源等信息，并附上送货方的质检单。将抽样平均分成3份，抽取的样品必须有标签，注明品名和来源。1份样品连同抽样单第三联送交质检室保存，2份样品快速检测饲料原料的水分和蛋白质含量等质量指标，出具检测结果。经检测合格的，通知仓库同意原料入库，不合格的予以退回。

生产出来的饲料成品，按规定填写抽检单，详细填写生产的品名、批号、数量等信息。同样将抽样平均分成3份，抽取的样品必须有标签，注明品名和批号。1份样品连同抽样单第三联送交质检室保存，2份样品用于产品质量检测。质检员做好样品的编号、录入及制样送样工作，对所送样品进行感官检查，严格按照农业部规定饲料产品质量标准检测相关项目（主要有水分、蛋白质、钙、磷等含量），经检测合格的，出具检测单和合格证书，通知仓库可以正式对外销售。

（二）饲料的储存与运输技术要点

饲料的储存必须采用科学的方法，既要避免饲料变质，又要预防营养成分的流失，只有做到这样才有利于饲料的利用。

在饲料储存的过程中，环境因素是一大变量，毒素常常是在温暖、潮湿、脏乱的环境中产生的。将饲料存放在低温、干燥、阴凉、避光和清洁的地方，可以避免饲料的变质和破坏，延长饲料的使用期限。另外，在饲料储存之前，对饲料进行充分干燥有利于保存。具体做法如下：

1. 预备足够存放所进原料的库房

存放一堆或几堆也可，最好是在同一仓库内（图4-1），如果该原料常用且数量较多，则应将其存放在进料口近处，以便使用时方便搬运，节省劳力，提高效率。

图 4-1　原料垛储存

2. 存放地点应有空间

保证空气流通，不闷热，不被太阳直照，不被雨淋。须注意的是每天要开门通风（包括周日、节假日），下雨前要关好门窗（图 4-2）。

图 4-2　门窗通风

3. 准备垛头卡

记录种类、数量、日期（收、使用和存仓）、供应商、地点等，并挂到堆放原料处，此存货卡也可用各种颜色笔来表示同意使用、禁止使用、待检等。

4. 存放及原料看管

①原料进厂前应取至少 10%样品，感官检验合格后，进厂卸货。不同的原料应分开存放，如果场地不够，同一堆原料应以记号笔做好记录标示。

②所进的原料品质如果存在危险系数高的情况，如脂肪含量高、发热、太湿，则应将该原料分开来特别看管，放上长杆温度计，每天至少检测2次，要有表格跟踪，同时要与库房内的温度及湿度相对比。最好将该原料堆放在仓库通风良好的地方，但不可离门太远，应距仓门1米左右，以预防下雨，也不应该堆放得太大、太高，原料之所以不应堆放得太大，是因为：①不方便检查中央原料的品质。②空气不容易流通，尤其是中间层，因为空气被阻，可能会阻碍通风。③温度容易累积到燃烧点，引发火灾造成损失。④易滋生细菌、霉菌、昆虫类等，引起发霉、结块等，造成原料品质下降。

5. 成品管理控制

根据鹌鹑场饲养员报单生产，发货要求推陈出新，每天必须盘点核对，时刻掌握库存情况，发货同时要做好批次记录，便于事后追踪。

预防饲料发霉的措施：

(1) *加强原料检测* 饲料厂对饲料原料除进行必要的感官检查外，还要进行相关数据的检测，严格按照标准执行，严禁购入水分高、有异味、异色的原料，尤其是不能购入霉变的饲料原料。

(2) *抓好生产管理* 在饲料生产过程中，有许多因素可能导致饲料霉变，应严格把关。①保证将饲料水分控制在允许的范围内。②及时清理车间和生产设备易残留饲料的死角，以免这些死角残留料堆积的时间过长，引起霉菌的生长繁殖。③饲料袋封口要严密，袋口折叠后再缝合，锁包时针眼要密，并锁紧，防止潮湿空气吸入包装袋中，引起包装袋缝口处物料吸潮发霉。

(3) *改善贮存条件* 饲料贮存库保证干燥、阴凉、地势高，通风条件良好，地面、墙壁做防潮隔湿处理。饲料堆放规范，高度适宜，垛底应有垫板，垛与墙、垛与垛之间保持一定的距离。饲料原料、新生产的饲料及退回的饲料单独存放，以免造成交叉污染。定期对饲料库进行打扫和消毒。

（4）做好饲料运输　饲料在装车前清除车厢内的积水，在运输途中盖好防雨布，避免饲料潮湿。饲料运输宜采用汽车运输，避免在途中积压。

（5）合理采购饲料　饲料购入应根据使用情况制订合理的采购计划，不能一次购入大量饲料，造成积压，除考虑积压时间过长容易发霉以外，还要考虑有效期问题。多雨季节空气湿度大，更不能购入过多的饲料，同时应注意防止雨水淋湿饲料。

第五章 鹌鹑的饲养管理

鹌鹑个体娇小，带有野性，消化率强，生长速度快，产蛋早，生产力高，其饲养管理与鸡等常见家禽的差异较大。

一、育雏期的饲养管理

育雏期的管理（0～14 日龄）在鹌鹑饲养过程中至关重要。育雏的质量直接影响着鹌鹑的生长发育、成活率、群体的整齐度、成年鹌鹑的抗病力及鹌鹑的产蛋量、产蛋高峰的持续时间，乃至整个产业的经济效益，因此做好育雏期的饲养管理工作十分重要。

（一）进雏前的准备工作

1. 鹑舍的修缮工作

除专业养鹑场应建育雏舍外，一般养殖户可以利用空闲的房舍养殖雏鹑，但不管是什么鹑舍，至少应在计划进雏前 15 天进行检查，做好补漏、加固工作（图 5-1），以免雏鹑逃窜和受到犬、猫等的侵袭，也有利于开展卫生消毒工作。

①对地面和墙壁有空隙、漏洞之处，应用水泥进行封固，以便能耐受高压水枪的冲洗。

②检查屋顶，拾漏补缺，对漏雨的地方重新铺瓦。

③检查窗户、天窗、排气孔、下水道等处的铁丝网是否完整，做好加固工作，以防兽害。夏天所有窗户、排气孔加设纱网，以防蚊蝇侵扰。

图 5-1　进雏前对鹑舍进行修缮和加固

2. 驱虫灭鼠

除对鹑舍的防蚊蝇、鼠害设施进行加固外，还应在进雏前10天集中驱虫灭鼠1次。灭鼠可采用投放饵料和老鼠夹相结合的措施，也可请灭鼠公司进行专业灭鼠。清除育雏舍周围的杂草、杂物，选用0.2%敌百虫、0.01%溴氰菊酯等杀虫剂对鹑舍和环境进行喷雾杀虫。

3. 设施、用具的准备

目前鹌鹑饲养多采用高床网养、分层笼养，以便于将雏鹑与粪便分开，为雏鹑创造良好的生活环境，除粪也方便，可减少疾病的发生率，提高雏鹑的成活率。为此，需根据各场情况和需要，将网床、用具、笼具等清洗干净，消毒待用（图 5-2）。若采用地面平养育雏，要备足干燥、松软、不霉烂、吸水性强、清洁的垫料，如稻壳、木屑等。

图 5-2　用具准备和清洁工作

4. 鹑舍的清洁与消毒工作

①进雏前 1 周，必须再次彻底打扫场区和鹑舍内外卫生（图 5-3），注意清除杂草，用高压水枪冲洗顶棚、墙壁、网箱和地面，顺序是先上后下、先内后外，彻底清除污物。打开门窗通风 1～2 天，待育雏舍干燥后，用过氧乙酸或氢氧化钠等环境消毒剂进行喷洒消毒，顺序是先顶棚后地面，先内墙后外墙。若是选择腐蚀性的消毒剂（如氢氧化钠等），应在消毒 1～2 天后用清水再冲刷一下。

图 5-3　环境消毒

②进雏前 5 天，将清洗过的饮水器、开食盘、料桶等用具摆放在网箱（笼）内，采用甲醛进行熏蒸消毒。熏蒸时先关闭门窗，打开屋内所有器具，育雏舍温度最好提高到 20℃左右，相对湿度为 60％～80％；高锰酸钾与福尔马林按 1∶2 比例配制，每立方米的用量为高锰酸钾 10 克、福尔马林 20 毫升，可选择搪瓷、陶瓷、玻璃等材质的器皿，忌用铁、铝、铜质的器皿。熏蒸封闭 1～2 天后，打开门窗，让空气流通，吹散鹑舍内气味。

5. 饲料、疫苗及药品的准备

进雏前 2 天，根据雏鹑所养品种的营养需要标准，结合本场实际，配制全价的雏鹑料，详见第四章相关内容。储备防鸡白痢、球虫病等的药品，防疫用的疫苗及消毒药等。

6. 育雏舍升温

进雏前1天，对育雏舍进行预热、加温。①需要检查供暖设备、管道等设施运转是否正常。②检查升温效果，看能否达到37℃。③检查供暖效果，看温度是否稳定，分布是否均匀，避免温度忽高忽低、分布不均匀现象。

目前供暖主要有地炕（又称烟道式）、电热伞、电炉、煤炉、红外线灯等方式，较为先进的有智能化温控育雏设备。

（二）雏鹑的选择与运输

1. 雏鹑的选择

雏鹑的健康成长与孵化厂供应的鹑苗质量密切相关。鹑苗要从种鹑质量好、防疫严格、出雏率高的鹌鹑场购买。

（1）健壮雏鹑的外观标准　发育匀称，大小一致；初生重符合品种要求；眼大有神；绒毛清洁，光亮整齐；站立稳健，活泼好动，叫声清脆，手握有力；腹部柔软而有弹性，卵黄吸收好；脐部没有出血痕迹，愈合良好。

（2）弱、残雏的特征　初生重大小不一；精神不振，羽毛无光、松乱；闭目缩头，站立不稳，常喜欢挤扎在靠近热源的地方；手握无力，像“棉花团”；蛋黄吸收不良；脐部突出，有出血痕迹，愈合不良，常发红或呈棕黑色；钉脐及腿、喙、眼有残疾的为残雏，应及时挑出。

2. 雏鹑的运输

初生雏鹑经过挑选分级、雌雄鉴别及注射马立克氏病疫苗后即可起运。雏鹑的运输工作非常重要，运输途中的外界环境条件、运输时间等不利因素对雏鹑来说是一种较为强烈的应激，稍有疏忽，就会造成无法挽回的经济损失。雏鹑运输时应做好以下几方面的工作。

（1）运输工具的选择及准备　运输工具的选择以尽可能缩短途中时间、避免途中频繁转运、减少对雏鹑的应激为原则。寒冷季节可选择密闭性能好又方便通风的面包车，炎热季节以带布篷的货车为佳。车辆大小的选择以雏鹑箱体积不超过车辆可利用体积的70%为原则，雏鹑箱的尺寸一般为60厘米×46厘米×18厘米，炎热季节每箱可装雏鹑80～100只，其余季节可装100～120只。出车前，应检查车况，对车辆进行全面检修，备足易损零件。

（2）起运时间的掌握　为保证雏鹑健康及正常生长发育，运输工作应在出壳后48小时之内完成。尽可能在雏鹑雌雄鉴别、疫苗注射完后立即起运，停留时间越短，对雏鹑的影响越小。一般来讲，冬天和早春运雏选择在中午前后温度高时起运，炎热季节在日出前或日落后的早晚进行。

（3）雏鹑装车时的注意事项　装车时雏鹑箱的周围要留有空隙，特别是中间要有通风道。装载时，雏鹑箱上下高度不要超过8层；确需装高时，中间可用木板隔开，以防下部纸箱被压扁；保持箱体平放，以防止雏鹑挤堆压死；雏鹑箱不要离窗太近，以防雏鹑受冻或吹风过度而脱水；尽可能不要将雏鹑箱置于发动机附近或排气管上方，避免雏鹑烫伤致死。

（4）运输途中管理　要注意保温与通风换气的平衡，以免雏鹑受闷、缺氧导致窒息死亡，特别是冬季要注意棉被、毛毯等不要覆盖太严。若仅注意通风而忽视保温，雏鹑会受冻、着凉，易诱发鸡白痢、禽伤寒，导致成活率下降。装卸或检查时，寒冷季节车应停在背风向阳的地方；炎热季节车应置于通风阴凉之地，不要在太阳下暴晒。在运输途中要随时观察鹑群动态，要视雏鹑情况开关车窗或增减覆盖物，如果箱内雏鹑躁动不安，散开尖鸣，张嘴呼吸，说明车内温度太高，应增加空气流通，极端炎热季节还应定时上下调箱；当雏鹑相互挤缩，闭目发出低鸣声时，说明车内温度偏低，应减少空气流通或增加保暖覆盖物。行车路线要选择畅通大道，少走或不走颠簸路段；避免途中长时间停车，确需停车时要经常将上下左右雏鹑箱相互换位，防止中心层雏鹑受闷。

（三）育雏期第 1 周的饲养管理（0～7 日龄）

鹌鹑育雏期第 1 周最为重要，应做到“雏鹑请到家，7 天 7 夜不离它”。

1. 温度

温度是育雏成败的关键因素。为雏鹑提供适宜、稳定的温度可有效提高雏鹑的成活率。实际上从鹌鹑一出壳就需要注意保温，包括运输过程中都需要注意保温。第 1 周育雏舍温度为 37℃，观察鹌鹑会均匀散布于网箱（笼）中；若温度过低，雏鹑易打堆，容易挤压造成伤亡；温度过高，雏鹑会远离热源，张嘴呼吸，两翅伏地，雏鹑体内水分易蒸发，造成雏鹑脱水，影响雏鹑的生长发育。

2. 湿度

为防止雏鹑脱水，1～5 日龄育雏舍内相对湿度应保持在 65%～70%，以后逐渐降低，保持在 50%～60%即可。育雏舍内湿度过高，易引起病原微生物滋生和饲料霉变，导致鹌鹑发生肠炎；湿度过低，空气干燥，尘土飞扬，易引起雏鹑脱水和发生呼吸道疾病。

3. 饮水

雏鹑往往先饮水，然后才食料。雏鹑第 1 次饮水称为开口或开水。在首次开口水中加入 5%葡萄糖和电解多维，可帮助雏鹑恢复体力，也有利于促进卵黄的吸收。水质要求清洁、卫生、无污染，最好使用自来水。水槽要浅，如果用塑料饮水器，可在水槽里加放小石子或塑料管圈，以防止雏鹑掉入水槽弄湿羽毛或被淹死；3～4 天后即可把小石子撤去。水温最好是 25℃左右的温开水，每天换水 2 次，换水时须做好饮水器或水槽的清洁和消毒工作。可自由饮水，切忌断水。

4. 喂料

饮水 1 小时后，将料放入料槽，让雏鹑自由采食，有一部分雏鹑啄食后，其他雏鹑就会跟着采食，不得断料；也可用少量水搅拌料，以握住成团、放下散开为宜。料槽要充足，以保证有足够的吃料位置。3 天后可少喂勤添，一般每天喂 6～8 次。

5. 垫料

由于刚孵出的雏鹑腿脚软弱无力，在光滑的垫料上行走时，易造成“一”字腿，时间一长，易不会站立而残废。育雏网箱（笼）内的辅料最理想的是麻袋片，也可采用粗布片，禁用报纸或塑料。

6. 通风换气

育雏舍内温度高，雏鹑新陈代谢快，呼出的二氧化碳及水蒸气量多，粪中还不停地释放出氨气，故需特别注意通风换气，做好保温和换气的平衡，确保空气的新鲜度。第 1 周，3 天清除粪便 1 次，防止久不清粪而发臭、生虫，产生氨气和臭气。

7. 饲养密度

鹌鹑具有耐密集性饲养的特点，可适当增加饲养密度以提高单位面积的饲养量，但须保证空气新鲜。饲养密度过大，会妨碍雏鹑采食、饮水和运动，导致空气质量下降，引起生长发育不良，诱发啄肛、啄羽等恶癖，甚至暴发疾病造成死亡。密度过小，设备利用率低，增加饲养成本。

在笼养条件下，根据品种和生长情况，1～7 日龄合理的饲养密度为 150～200 只/米^2，冬季可多养一些，夏季要少养一些，种鹑和肉用鹌鹑也要少养一些，通常可有 10%～15%的增减幅度。高床网养条件下，1～7 日龄合理的饲养密度为 50～80 只/米^2。

8. 光照

雏鹑胆小、易被惊扰，同时考虑其采食特点，建议育雏第 1 周24 小时照明。产蛋鹑和种鹑的光照强度为 8～10 勒（每 18 米^2 安装 20～30 瓦灯泡）。

9. 疫苗免疫

根据雏鹑的品种、育雏季节，以及当地疫病的流行特点制订适合本场的免疫程序。

①马立克氏病疫苗的免疫，一般在孵化室出壳时就注射，疫苗可选择鸡马立克氏病弱毒双价疫苗。注射马立克氏病疫苗须注意几个问题：a. 必须在出壳 24 小时内注射马立克氏疫苗。b. 配制马立克氏疫苗需要专用的稀释液，而不是常用的生理盐水或凉开水。c. 马立克氏疫苗是活疫苗，需要冷藏保存，一般是保存在液氮（－198℃）中，故使用时应现配现用，一般应在稀释后 2 小时内用完。

②在 5～7 日龄进行新城疫和传染性支气管炎疫苗的免疫，常选用新支二联冻干疫苗，可采取滴鼻、滴眼、滴口、喷雾等途径免疫。

10. 无害化处理

对含有病原微生物的物品须按照卫生防疫要求进行无害化处理，例如对病死鹑有焚烧、深埋、高压、煮沸等多种无害化处理方法（图 5-4），粪便羽毛废弃物可堆集发酵、深埋等无害化处理，疫苗瓶（包括开口但未用完的疫苗瓶）建议焚烧处理。

图 5-4　无害化处理病死鹑和粪便

11. “全进全出”的饲养制度

不同日龄的鹌鹑有不同的易发疫病，养鹑场内如有几种不同日龄的鹌鹑饲养在一起，日龄较大的鹌鹑往往会将病原微生物传播给日龄小的鹌鹑，有时成年鹌鹑可能带毒（菌）而不发病，但雏鹑比较敏感，从而引起雏鹑发病。日龄层次越多，鹌鹑群患病的概率就越大。

目前，养鹑场普遍采取全进全出的饲养管理方式，有利于统一管理和统一做好兽医卫生防疫工作，提高生产效率，充分发挥鹌鹑的生产性能，降低疾病风险，从而提高养鹑的经济效益。

采用全进全出饲养管理方式时应整批进整批出，鹌鹑尽量在同一天进雏、同一天出栏。整个养鹑场实行采取全进全出制有困难时，可在一个小功能区采取全进全出制；实在有困难的，至少要保证一栋鹑舍实行全进全出制。

每批出舍后必须经过清扫、冲洗、消毒、空关1～2周后再进下一批鹌鹑，这样就能达到彻底消灭残留病原微生物的目的，有效地避免连续感染，从而给新进鹌鹑群一个清洁、卫生、无害的生长环境。实践证明，采取全进全出的养鹌鹑方法是预防疾病、降低成本、提高成活率的有效措施之一，经济效益十分明显，这对于大型现代化养鹑场尤为重要。

12. 其他日常管理工作

①育雏舍要注意保持环境安静，鹌鹑胆子小、有野性，0～4日龄常表现出逃窜的现象，陌生人不得随意进入育雏舍，谢绝外来人员参观。工作人员进出鹑舍，以及进行加料、加水等饲养管理时，动作要轻、慢，避免惊群。

②每天巡视育雏舍，检查室内温度、湿度是否符合标准，有无扎堆现象，根据情况适时调整通风和光照；注意观察鹌鹑的动态，如精神状态是否良好，采食、饮水是否正常，防止啄癖发生。观察有无死鹑和病鹑，如有无张口呼吸、闭眼呆立、羽毛松乱；有无异常叫声，呼吸声音异常；观察鹌鹑粪便，有无排绿色粪便、带血粪便、水样粪便和长条腊肠样粪便等。这些异常情况通常是疾病的预兆，发现越早对防治越有利，须及时诊断，尽快

采取对应防控措施。

③做好防鼠害、兽害工作，防止猫、犬、野鸟等进入侵扰，做好防煤气中毒工作。

④定期称量体重和检查羽毛生长情况，因体重是鹌鹑生长发育的重要技术指标之一，也是衡量育种价值与商品价值的重要技术指标之一。羽毛是皮肤的衍生物，具有多种功能，也是衡量鹌鹑生长发育状况的一个重要技术指标。

（四）育雏期第2周的饲养管理（8～14日龄）

育雏第2周工作虽没有第1周那样繁琐，但对雏鹑成活率和生长发育影响也非常大。可参照第1周的饲养管理工作，做好以下主要工作：

1. 温度与湿度

从第8日龄开始，每半天下降1℃，直至33℃，维持至14日龄。湿度保持在50%～60%。

2. 饮水

自由饮水，饮水器每日洗2次，消毒1次。

3. 喂饲

可少喂勤添，一般每天喂4～6次；也可自由采食。12日龄时可将小食槽换成大食槽或料桶。

4. 饲养密度

在笼养条件下，8～14日龄的饲养密度为120～150只/米^2。高床网养条件下，8～14日龄的饲养密度为40～60只/米^2。

5. 光照

从育雏第2周开始，光照16～24小时，光照强度5勒（每18米^{2}安装15瓦灯泡）。

6. 清洁与消毒

每天应清洁鹑舍1次，清扫前注意对地面洒水，避免尘土飞扬，2～3天清除粪便1次，2～5天使用消毒水喷洒1次。消毒剂尽量准备 2 种以上，不同成分的消毒剂交叉使用，提高消毒效率。

7. 疫苗免疫

12～14 日龄时进行传染性法氏囊炎和禽流感疫苗的免疫，传染性法氏囊炎冻干疫苗饮水免疫，禽流感油乳剂灭活苗须皮下或肌内注射。在马立克氏病高发疫区，如果是从外场引进的雏鹑，又担心对方注射马立克氏病疫苗的效果不好，可在 7～10 日龄时再注射 1 次马立克氏病疫苗。

8. 其他饲养管理

定期检查羽毛生长情况，高床网养育雏 10 天左右加盖网罩（1.5 厘米网眼），防止雏鹑外飞。若出现落地鹌鹑，应及时抓回；若脚趾有粪，须清理消毒后才能放回。

二、育成期的饲养管理

育成期（15～40 日龄）仔鹑生长强度大，尤以骨骼、肌肉、消化系统与生殖系统生长为快。此阶段饲养管理的主要任务是控制其标准体重和正常的性成熟期，同时要进行严格的选择和免疫工作。

1. 温度与湿度

从第 15 天开始，每半天下降 1℃，直至 18℃，维持至开产。湿度保持在 50%～60%。

2. 饲养密度

在笼养条件下，15～28 日龄的饲养密度为 100～120 只/米^2，28 日龄后减至 70～90 只/米^2。高床网养条件下，15～28 日龄的饲养密度为 30～50 只/米^2，28 日龄后改为 25～35 只/米^2。

3. 光照

仔鹑的饲养期间需适当“减光”，不需要育雏期那么长的光照时间，只要保持 10～12 小时的自然光照即可。在自然光照时间较长的季节，甚至需要把窗户遮上，以使光照时间保持在规定时间内。

4. 限制饲喂

对种用仔鹑和蛋用仔鹑，为确保仔鹑日后的种用价值和产蛋性能，避免肥胖、早熟，造成早产，产无精蛋、畸形蛋，受精率低等不良现象，须对22～35日龄的母仔鹑进行限制饲养。其方法是定期称重，与标准体重对照，作为限制饲料程度的依据，适时调整饲粮；控制日粮中蛋白质含量为20%；定时、定量饲喂，每次不宜喂得过饱，每只鹌鹑每天仅喂标准料量的80%，约半小时吃完，每天喂2次。

5. 饮水

自由饮水。保证水质优良，不能断水，每天清洗1次水槽，并消毒。

6. 清洁与消毒

每天清洁卫生1次，打扫前注意对地面洒水，避免尘土飞扬，2～3天清除粪便1次，2～5天使用消毒水喷洒1次。

7. 及时转群

转群一般在28～30日龄，在转群前应做好成鹑舍、成鹑饲料等的各种准备工作。

在转成鹑笼前3天，可将成鹑笼用的料槽、水槽挂入育雏箱内提前适应。成鹑舍的温度要和育雏舍的温度相同。成鹑笼的料槽水槽要相应低一些，以便雏鹑采食和饮水。上笼前后可在饮水中加一些抗应激的药物如电解多维等来增强雏鹑的体质。

转群时动作需轻，最好在夜间进行转群，及时供应饮水和饲料，保持环境安静。在转群的同时，把瘦小体弱的雏鹑单独饲养，对雄鹑进行一次严格挑选。

8. 疫苗免疫

25～28日龄时进行新城疫和传染性支气管炎疫苗的第2次免疫，仍可选用新城疫-传染性支气管炎二联冻干疫苗，采取滴鼻、滴眼、滴口、喷雾等途径免疫。

38～40 日龄时进行传染性法氏囊炎和禽流感疫苗的第 2 次免疫，传染性法氏囊炎冻干疫苗饮水免疫，禽流感油乳剂灭活苗皮下或肌内注射。

结合本地疫情和本场的流行病学情况，在 20～35 日龄，决定是否需要进行大肠杆菌病、禽巴氏杆菌病、球虫病等疫苗的接种。

9. 其他饲养管理

（1）公母鹌鹑最好分开饲养　一般 1 月龄左右的鹌鹑从外貌上可分辨出雌雄，公母宜分开饲养。除种用公鹑外，其余公鹑与质量差的母鹑均可转入育肥笼，进行育肥上市。

（2）做好驱虫工作　在 40 日龄时，大约已有 2%的鹌鹑开产，但大多数鹌鹑往往在 45～55 日龄开产。为此，30～35 日龄时应使用左旋咪唑、依维菌素等驱虫药集中驱虫 1 次。

三、产蛋期的饲养管理

成鹑一般指 40 日龄以后的鹌鹑，其饲养目的是获得优质高产的种蛋、种雏及食用蛋。成鹑因生产目的不同，可分为种用鹑和蛋用鹑，二者除配种技术、笼具规格、饲养密度、饲养标准等有所不同外，其他日常管理基本相似。

（一）种鹑的选择

选择种鹑时，要求种鹑目光有神，姿态优美，羽毛光泽，肌肉丰满，皮薄腹软，头小而圆，嘴短颈细而长。同时，对母鹑及公鹑的要求各不相同。

1. 母鹑

（1）体格健壮　活泼好动，食量较大，无疾病。

（2）产蛋力强　蛋用鹑年产蛋率应达 80%以上，肉用鹑的也应在75%以上。统计鹌鹑产蛋力时，一般不等到一年产蛋之后统计，可以统计开产后3个月的平均产蛋率和月产蛋量，对月产蛋量24～27枚或以上者，即判定为符合上述要求。

（3）体格大　成年母鹑体重130～150克为宜。腹部容积大，耻骨间有两指宽，耻骨顶端与胸骨顶端有三指宽，产蛋力则高。这种检查方法仅对母鹑第一产蛋年可行，母鹑年龄越大，腹部容积越大，但其产蛋量却越小。

2. 公鹑

公鹑的品质对后代的影响很大。要求公鹑叫声洪亮，稍长而连续。体壮胸宽，体重为110～130克。选择时主要观察肛门，应呈深红色，隆起，手按则出现白色泡沫，说明已发情，一般公鹑到50日龄会出现这种现象。公鹑爪应能完全伸开，否则交配时易滑下，影响交配，降低受精率。

（二）公母配比及利用年限

根据育种或生产的需要，鹌鹑的公母配比有所差异。可选用单配（公母配比1∶1）或轮配（公母配比1∶4），小群配种［公母配比2∶（5～7）］，大群配种（公母配比10∶30）。公母配比是保证种卵受精率的关键措施之一。公鹑数量不足，受精率下降；公鹑数量过多，会增加不必要的开支，甚至公鹑之间会因相互争配而干扰鹑群。

鹌鹑的利用年限，公鹑与产蛋鹑仅为一年，种母鹑则为0.5～2年不等，主要取决于产蛋量、蛋重、受精率，以及经济效益、育种价值等。一般情况下，第二个产蛋生物学年度的产蛋量会下降15%～20%，所以应及时补充新鹑。种母鹑产蛋初期的蛋重小，受精率低，而产蛋后期又因蛋壳质量下降，孵化率低，因此这两个时间段所产的种蛋均不宜留用。在生产实践中，对于蛋用型种母鹑，仅有8～10个月的采种时间；对于肉用型种母鹑，采种时间则更短些，仅为6～8个月。

（三）母鹑的产蛋规律

母鹑群一般40日龄左右就开始产蛋，一般一个月以后即可达到产蛋高峰，且产蛋高峰期长。其当天产蛋时间的分布规律，产蛋时间主要集中在午后至20：00前，而以13：00—14：00产蛋数量最多。

（四）成年鹌鹑的饲料与饲喂

对产蛋鹑必须饲喂全价饲料，其营养需要可参考第四章的营养标准。鹌鹑对饲料的质量要求较高，尤其是对饲料中的能量和蛋白质水平要求更高。据试验，当日粮中的粗蛋白质水平没有满足产蛋鹑的营养需要时，将日粮粗蛋白水平从16%开始每提高1%，其产蛋率可以提高2.6%，饲料转化率可提高4.7%。也有报道，在饲料中适当添加酵母粉（0.5%～1%），可以提高鹌鹑的产蛋率5%左右。在鹌鹑产蛋后期日粮中适当添加颗粒状石灰石（颗粒直径2.0毫米），不但可以提高蛋壳质量，对提高产蛋率也有明显效果。

产蛋鹑每只每天采食20～24克、饮水45毫升左右、排粪27克左右，但随产蛋量、季节等因素的改变而改变。饲料形状有粉料、糊料、粒料等，它们各有优缺点。在同等情况下，喂糊料组产蛋率比粉料组高出1%～2%。但糊料添加不方便，且易变质。

增加饲喂次数对产蛋率也有较大影响，即便是槽内有水、有料，也应经常匀料或添加一些新料，每天4～5次。

在鹌鹑产蛋期间投用磺胺类药，可使产蛋率下降15%左右，这种下降需要停药后5～10天才能恢复。因此，在产蛋期间一定要减少用药或尽量不用，产蛋高峰期更需注意避免。

（五）成年鹌鹑的饲养管理

1. 舍温

舍内适宜的温度是实现高产、稳产的关键。舍温一般要求控制在18～24℃。当舍温低于15℃时会影响产蛋，低于10℃时则停止产蛋，再低则将造成死亡。解决办法是适当增加饲养密度，增加保温设备。夏天舍内温度高于35℃时，会出现采食量减少，张口呼吸，产蛋下降等；解决办法是降低饲养密度，增加舍内通风等。

2. 光照

光照有两个作用，一是为鹌鹑采食照明，二是通过眼睛刺激鹌鹑脑垂体，增加激素分泌，从而促进卵泡的发育，增加产蛋率。鹌鹑初期和产蛋高峰期光照应达15～16小时，后期可延长至17小时；光照强度为10～20勒；灯泡放置时，应注意重叠式笼子时底层笼的光照。

3. 保持环境安静

鹌鹑胆小、怕惊，很容易出现惊群现象，表现为在笼内奔跑、跳跃和起飞。如饲养员工作时动作过于粗暴，过往车辆及陌生人的接近等都会引起惊群、产蛋率下降及畸形蛋增加。

4. 日常管理

饲养产蛋鹑的日常工作应包括清洁卫生和日常记录。食槽、水槽每天清洗1次，每天清粪1～2次。门口设消毒池，舍内应有消毒盆。防止鼠、鸟等侵扰。日常记录应包括舍鹑数、产蛋数、采食量、死亡数、淘汰数、天气情况、值班人员等。

四、肉用鹑的饲养管理

肉用鹑是指供肉食之用的鹌鹑，主要包括肉用型的仔鹑、肉用与蛋用杂交的仔鹑，以及需要育肥上市的蛋用鹑。肉用鹑饲养管理的主要任务是获得最佳的增重饲料报酬，以期获得最好的经济效益。

1. 合理饲喂

肉用鹑在前3周一般采用育雏期间的饲料营养，后期应适当增加能量含量。一般为自由采食，自由饮水。饲料更换时，为了做到饲料变化合理及不致对生长引起应激的影响，最好在更换时前 3 天喂 2 份育雏料、1 份育成料的混合料，然后在另外 3 天再饲喂 1 份育雏料、2 份育肥料，最后过渡到育肥料。野生鹌鹑的脂肪无色素而呈淡白色，但其脂肪颜色易受饲料影响而变成黄色脂肪，可通过饲料添加自然色素或合成色素来改变鹌鹑脂肪颜色，迎合市场需要。

2. 合理温度、光照、密度

肉用鹌鹑的保温与育雏鹑的保温相似，主要是“看鹑施温”。温度过低，会增加鹌鹑的采食量，降低饲料报酬。肉用鹑的光照宜采用暗光，光线太强易产生啄癖、惊群等现象。饲养密度可适当比种用、蛋用鹑略高。

3. 合理分群

肉用鹑一般都采用公母分群饲养。如果初生时难以鉴别，1 月龄后需按公母、大小、强弱分群饲养育肥。公母同笼饲养会产生交尾现象，引起骚动。分群饲养能提高上市时的整齐度，降低残次率，提高料重比。

第六章<<<

鹌鹑的高效繁殖技术

一、提高种鹑蛋合格率技术

鹌鹑择偶性强、喜啄斗、体型小，所产的蛋重小、蛋壳较薄，常影响到鹌鹑蛋的合格率和受精率。影响种蛋合格率的因素主要有种鹑品种、蛋壳质量、破损率、蛋重、受精率，以及种蛋的收集、消毒、保存等。为此，必须采取综合性的技术措施，尽量提高种蛋合格率，以便能提供更多健壮的雏鹑。

1. 选养优良品种（系）

（1）*品种要纯*　鹌鹑品种的质量直接影响到种蛋的品质，对经济效益影响也很大。目前国内鹌鹑供种单位相对集中，品质较为优良。但也存在部分个体户或孵坊自繁自养，由于选育技术差、引种成本过高、近交繁殖等，导致品种不纯和退化。为此，引种时应注意考察，并查验种畜禽生产许可证，避免引入的种鹑品种不纯。

（2）*选养蛋壳质量良好的鹌鹑品系*　蛋壳品质直接关系到种蛋破损率和孵化率，值得重视。蛋壳品质既与饲料等因素有关，也与遗传因素相关，故在选种时应注意选购蛋壳品质良好的品系。

2. 提供全价饲料，保证种鹑的营养需要

应根据鹌鹑营养需要标准，结合本品种（系）特性和本场的实际情况，配制营养全面的全价饲料，满足鹌鹑对营养的需要，提高鹌鹑体质，生产出符合本品种（系）标准蛋重的种蛋。在种鹑的日粮中除了满足能量和蛋白质的需要以外，更要注意影响蛋壳品质的矿物质元素和维生素的添加，尤其是钙、磷、锰、维生素 D_3，可有效提高蛋壳质量，降低破蛋率，提高种蛋合格率。

（1）钙和磷　日粮中钙的含量影响蛋壳厚度和强度，低于2%时蛋壳质量降低，高于 3%时蛋壳厚度和蛋比重增加。但钙的含量过高，如超过 4.5%时，日粮适口性差，鹌鹑采食量降低而影响产蛋量。日粮中磷的含量过高或过低均能降低蛋壳强度，通常有效磷的含量 0.35%～0.40%较为适宜。在产蛋前期给予较高水平的磷能防止笼养鹌鹑产蛋疲劳综合征的发生，产蛋率下降至 70%以下时降低磷的含量能改善蛋壳质量。

（2）锰　饲料标准中规定锰的需要量为每千克日粮 100 毫克，当日粮中锰的含量低于 10 毫克/千克时，蛋壳质量降低。

（3）维生素 D_3　饲料标准中规定为每千克饲料含维生素 D_3 2 000国际单位。当维生素 D_3 缺乏时，蛋壳变薄、强度降低，甚至产软壳蛋。特别是在产蛋后期，鹌鹑对钙的吸收能力有降低时，不仅要提高钙的含量，而且要提高维生素 D_3 的含量。

3. 加强饲养管理

（1）提高初产蛋的蛋重

①控制母鹑体重：产标准大小蛋的一个最重要的因素是母鹑在开产时要达到标准体重。如母鹑达不到标准体重，就会产小蛋。但也不能超过标准体重，如体重过大，则会产大蛋，储积过多脂肪，产蛋时易发生困难，且产蛋率低，自身维持耗能高，降低了饲料效能。为此，在 22～35 日龄时，应对仔鹑进行限喂，以控制母鹑的体重。

②控制开产日龄：种鹌鹑的开产日龄直接影响初产蛋的大小，开产越晚所产蛋就越大。目前，运用各种饲养管理技术措施（如育成期控光、限饲等）可以推迟鹌鹑的开产日龄，以利于生产大小适宜的种蛋，防止因过早开产而产小蛋。

（2）给予合理的光照　合理的光照时间和光照强度能提高蛋

壳强度，是减少破损蛋、无壳蛋、软壳蛋的有效途径之一。生产上忌光照不足和光照无规律。

（3）防止出现啄蛋癖　具有啄蛋癖的鹌鹑能直接啄破、啄伤蛋壳，降低种蛋的合格率。注意平时不要让鹌鹑直接吃到蛋壳、软壳蛋，以防养成啄蛋习惯；另外，注意鹑舍的灯光亮度不要太强，日粮内各种营养成分要均衡，尤其不能缺乏维生素 E、微量元素硒。

（4）防应激　鹌鹑天生胆小，突然发生的噪声，猫、犬、鼠等动物的窜入，冷热刺激，疫苗接种等应激都会使蛋壳质量下降（色泽变浅，甚至变白；蛋壳变薄，甚至产软壳蛋），致使种蛋不合格。在饲养中要尽量避免各种应激刺激，免疫接种前后各一天饮水中要添加速补-14 或电解质多维，以缓解应激反应。

（5）夏季要预防蛋壳质量下降　气温越高，鹌鹑的采食量越小，获取钙磷等物质不足，致使蛋壳质量降低，故在夏季蛋的破损率会升高。可采取如下措施加以预防：①为鹑舍降温；②提高日粮中矿物质、蛋白质、维生素等的含量，同时将每天第一次喂料时间尽量提前，最后一次喂料时间尽量拖后，使鹌鹑能在舍温相对较低时吃料；③在饲料中添加 0.3%～0.5%碳酸氢钠，碳酸氢钠能够减缓呼吸性碱中毒，提高鹌鹑的抗应激能力，明显改善蛋壳质量。

4. 严格执行疾病防控措施

新城疫、传染性支气管炎、慢性呼吸道病和输卵管炎等疾病都会使鹌鹑的产蛋量下降，蛋壳变薄，甚至产软壳蛋。为此，应根据兽医卫生防疫要求，制订疫病综合性防治措施，做好疫苗免疫和消毒工作，防止疾病发生。

5. 选择设计合理的鹌鹑笼

产蛋鹑笼底网的选择要注意如下几个问题：底网弹性要好，镀锌冷拔丝直径不应超过 20 毫米，笼底蛋槽的坡度不大于 8°，每个单体笼装鹌鹑不超过 10 只，每只鹌鹑占笼底面积不小于 20

厘米^2，且各交叉处不能有焊接的痕迹。优质笼具的破蛋率低，一般可控制在2%以下，有些价低质差的鹌鹑笼破蛋率可超过5%。因此，良好的养鹑设备也是提高种蛋合格率的一个关键因素。

6. 提高种蛋受精率

（1）合理的配比　鹌鹑因体型小、翻肛和采精困难、采集的精液极少（仅0.01毫升）等问题，生产上无法开展人工授精技术，多选择自然交配，鹌鹑交配比例对种蛋受精率影响很大。凡作个体记录的，配比为1∶1，受精率非常高，适合祖代种鹑场；小群配种建议采取1公配2～3母或2公配6～7母，受精率比较高，适用育种场；中群配种建议采取5公配15～16母，适合一般种鹑场，在公鹑间建立比较稳定的优势等级，受精率也比较高。也可选择辅助交配，公母单笼分开饲养，待母鹑产蛋后，采取1公配16母，将公鹑捉至母鹑笼内自行交配，一般10～15分钟后将公鹑捉回原笼内；也可将母鹑捉至公鹑笼内交配。公鹑每天交配4次，时间应分隔开；母鹑每4天交配1次。

（2）公母鹑的使用年限合理　统计表明，鹑群处于产蛋率高峰期间的种蛋受精率与孵化率明显高于开产初期与产蛋末期，初生雏的质量也是这样。一般3～7月龄留种最佳，不仅受精率高，而且雏鹑个体强壮，成活率高。

（3）不要忽视种公鹑这一重要角色

①树立种公鹑的优势地位：在选种和选配后，转入种鹑笼时，应选择具有繁殖力强的公鹑先放入，数日后再将母鹑放入，以免母鹑欺负公鹑，有利于交配受精。实践证明，公鹑间也经常啄斗以确立优势顺序地位，在中群配种时，宜增加1只公鹑，以弥补最弱势地位的那只公鹑失配空缺，从而保持正常配比。

②定期更换种公鹑：除有公鹑等级优势外，似乎配偶选择与被选择的习性已淡化，另与公鹑一心沉醉于交配欲也有关。在配种期，每隔1～3月将原配种公鹑淘汰，补充已经具有交配能力

的新的年轻公鹑，以保持较高的受精率。但公鹑必须是原来同笼饲养的，在夜间交换，以免引起应激和打斗。

③饲料中加入保健品添加剂：在饲料中添加大蒜（或大蒜素）、益生素，可使种公鹑性欲旺盛，精液品质好，明显提高受精率。

④控制好舍内温度：在低温（15℃以下）时，公鹑不爱活动，影响交配。

⑤控制好疾病：公鹑的睾丸炎会在交配时传染给母鹑，引起母鹑出现输卵管炎。

（4）雏鹑断翼术的应用　据林其騄等的试验表明，断翼组的种蛋受精率比未断翼的高16%以上。

7. 做好种蛋的收集、消毒、保存工作

种蛋要定时收集，每日至少集蛋2次。每栋鹌鹑舍要将每次所捡种蛋及时熏蒸消毒后（每栋鹌鹑舍一端应设有暂时储蛋场所，并设小批量种蛋熏蒸消毒柜，以便将种蛋及时消毒处理），再交种蛋库。种蛋送入蛋库后应及时进行第二次消毒，以免增加污染机会。种蛋熏蒸消毒方法是：甲醛14毫升/米^3、高锰酸钾7克/米^3、水14毫升/米^3，放入搪瓷或陶瓷容器内自然蒸发，在环境温度22℃、相对湿度75%下，维持30分钟。

种蛋的储藏时间从产出之日算起不应超过7天，理想的储藏时间是5天或更短。储存环境要求温度在15℃左右，相对湿度78%左右，通风良好，防鼠、防虫。若种蛋储藏超过5天，除要降低环境温度（降到12℃）外，还要每日翻蛋，否则会影响孵化率。

二、人工孵化技术

鹌鹑属卵生动物，其胚胎期是在母鹑体外通过孵化来完成发育的。因长期选育的结果，家鹑几乎丧失了就巢性，甚至于恋蛋和护蛋行为也消失了，所以家鹑的孵化都依赖人工孵化法。

鹑蛋的孵化率与健雏率是养鹑业的重要技术指标和经济指标，而孵化率又与种鹑健康状况、饲料质量、种蛋贮存时间、孵化设备质量、孵化工艺完善程度、孵化室结构和孵化人员素质等有关。

1. 孵化前准备

（1）*孵化室的选址和防疫*　要求因地制宜、通风干爽、排水方便、光线充足，水电力充足，便于防疫工作的开展，必须与生产区、生活区和病鹑隔离区分离，大门口设消毒池，孵化室设更衣室、洗手盆和紫外线灯。

（2）*孵化室布局设计*　分为鹌鹑蛋接收处理区、孵化机区、出雏机区、出雏区、储藏区（包括发电机房等）、洗涤区等。孵化机区和出雏机区的建筑材料应坚固耐用、防潮保温；鹌鹑蛋接收处理区、洗涤区及储藏区，应与孵化机区、出雏机区和出雏区隔开，洗涤区处于下风向。

（3）*孵化设备及要求*　根据孵化量来选择合适容量的孵化机和出雏机。孵化机（图 6-1、图 6-2）及出雏机要求控温精确度高、稳定性好、便于操作管理。配备清洁消毒设备、照蛋设备、温度仪、湿度仪、蛋盘车、备用发电机及日常加水用具等。

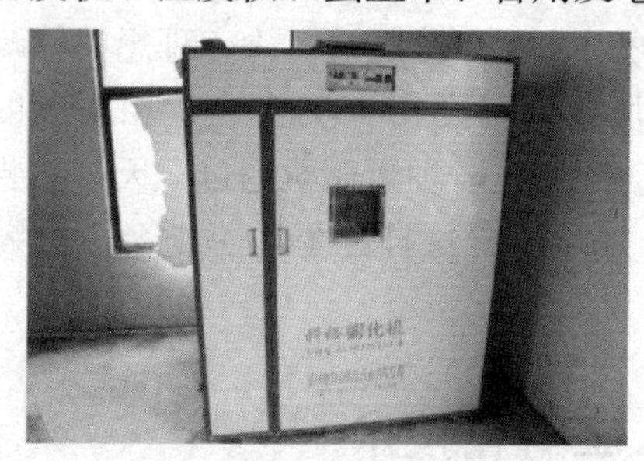

图 6-1　孵化机

图 6-2　孵化机内部

2. 人工孵化操作流程

（1）捡蛋　对种鹑舍进行编号，饲养员每天捡蛋，在蛋上面用铅笔标明鹑舍号和捡蛋日期，并将数据记入生产数据表。

（2）收蛋　一般季节，孵化室每天上、下午各1次派车到鹑舍收集饲养员捡的蛋，夏季将捡的蛋及时送入种蛋库。

（3）码蛋　入孵的鹌鹑蛋须经过仔细挑选，从蛋重、形状、蛋壳质量及壳色等几个方面判定，挑出蛋壳破损、畸形、沙壳、双黄、蛋壳表面受污染、无光泽及蛋重低于10克的蛋，对符合品种（系）标准的蛋认定为合格蛋，留作种用。鹌鹑蛋以平放的形式码放，将码好的鹌鹑蛋整盘放在蛋车上，做好各种登记和标识。

（4）消毒　将蛋车推入消毒柜内进行消毒，消毒液的配制为每立方米用甲醛14毫升、高锰酸钾7克，熏蒸时间为30分钟。

（5）入孵　将已消毒好的鹌鹑蛋放入孵化机内入孵，多采取恒温方式孵化，孵化机温度冬天37.8℃、夏天37.4℃，出雏机以36.7℃出雏，孵化室的温度应保持在20℃以上。天气较冷时可提前12小时将入孵蛋推至孵化室预热，以蒸发蛋表面的水分，防止种蛋带水珠入孵，一般预热到30～35℃再入孵。鹌鹑胚胎正常发育的特征具体可见表6-1、图6-3、图6-4。

表6-1　鹌鹑胚胎发育的主要特征

胚龄（天）	照蛋时看到的特征	胚胎发育主要特征
1	蛋黄上有一大圆点，胚盘区扩大	胚胎发育开始，直径为0.7～1.1厘米，器官原基出现
2	圆点继续扩大，出现圆形血丝	原始脑泡形成，卵黄囊血液循环出现，心脏开始跳动
3	卵黄囊血管网发育成蚊虫状	眼球开始着色，爪、翅、尿囊、羊膜囊形成
4	卵黄囊血管网发育成蜘蛛状	头部增大，眼睛发育明显，胚胎体呈弯曲状
5	血管占蛋面4/5，整个蛋呈红色，中心点红色较深，眼点黑色清晰	眼睛色素加深，躯体发育，爪、翅开始发育，尿囊血管迅速向锐端延伸，羊水增多，喙部形成

（续）

胚龄（天）	照蛋时看到的特征	胚胎发育主要特征
6	可见胎动	躯干增长，尾部明显，上喙尖端有一白色齿状突
7	血管加粗，胚胎时隐时现	胚胎进一步发育，卵黄囊吸收蛋白中的水分后达到最大值，可见眼睑
8	血管加粗，胚胎下沉	背部长出毛囊和绒毛，呼吸系统发育，趾爪分开
9	尿囊血管在蛋锐端合拢	尿囊膜包围蛋的全部内容物，全身出现绒毛，齿状突、爪角质化，雏形形成
10	除气室外，蛋身不透光	胎毛遍及全身，栗羽鹑出现黑色条纹，胚胎开始大量吸收蛋白
11	气室变大，锐端发亮，部分变小	胚胎进一步发育，喙角质化，爪发白
12～14	除气室外，蛋锐端不透光	躯干增长，蛋黄利用加快，脏器、肢体、绒毛继续发育，卵黄囊部分吸入腹内
15	气室变大，歪斜，可见胎动	喙进入气室，开始肺呼吸，卵黄囊继续吸入腹内，有的已啄壳
16	大部分已啄壳，开始出雏	羊膜脱落，尿囊萎缩，卵黄囊全部吸入腹腔
17	大量出雏	初生雏鹑为鹑蛋重的70%左右

引自南京农业大学实验资料，林其騄。

（6）照蛋　入孵5天后进行第1次照蛋，照蛋前先准备手电筒、蛋盆，取出要照的蛋盘，放于照蛋器上，用手电筒逐个照，发育正常的胚蛋，气室透明，其余部分呈淡红色，用照蛋器透视，可看到将来要形成心脏的红色斑点，以及以红色斑点为中心向四周辐射扩散的有如树枝状的血丝。无精蛋的蛋黄悬浮在蛋的

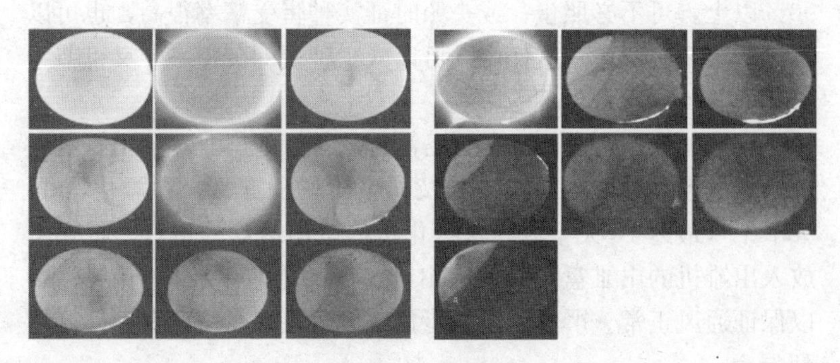

图 6-3　鹌鹑胚胎发育（第 1～9 胚龄）　　图 6-4　鹌鹑胚胎发育（第 10～16 胚龄）

中央，蛋体透明。死精蛋蛋内混浊，也可见到血环、血弧、血点或断了的血管，这是胚胎发育中止的蛋，应剔出加以淘汰，并做好登记和标识（图 6-5）。

入孵 10 天后进行第 2 次照蛋，将要照的蛋盘放于照蛋器上，用手电筒逐个照，此时胚胎发育正常的种蛋气室变大且边界明显，其余部分呈暗色。死胚蛋则蛋内显出黑影，两头发亮，易于鉴别。剔出死胚蛋，并做好登记和标识（图 6-6）。

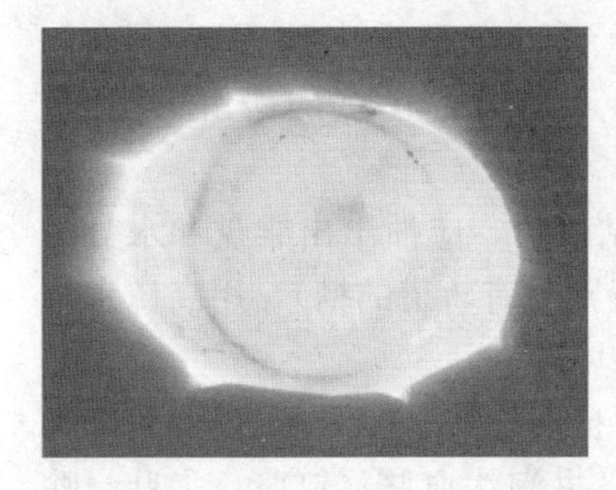

图 6-5　死精蛋

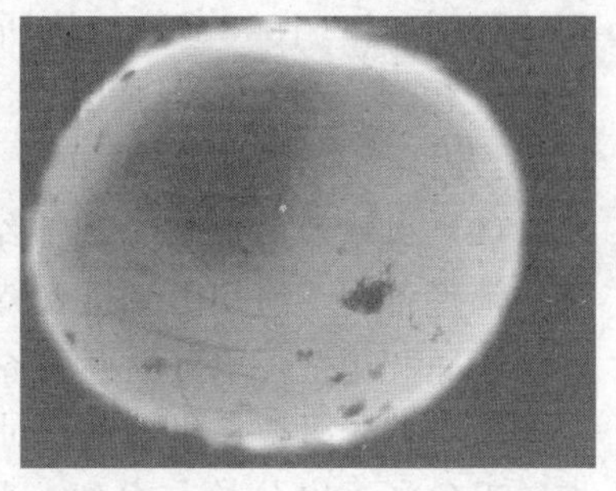

图 6-6　死胚蛋

由于照蛋时间稍长，易使蛋温骤然下降，尤其是在冬天，因此必要时应增加室温，以免孵化率受影响。如果种蛋的受精率在

90%以上，可不必照蛋；或头照时证实种蛋受精率很高，也可以不进行第 2 次照蛋；这样做既可以减少种蛋的破损率，又可节约劳动力，孵化质量也不受影响。

（7）落盘　落盘前准备好已清洗消毒好的出雏盆，出雏盘应铺垫尼龙窗纱，以减少蛋破损及初生雏鹑腿劈叉。在孵化第 15 天下午（最迟 16 天早晨）从孵化机内拿出落盘的蛋盘，将鹑蛋放入出雏机的出雏盘中，放入出雏盘内的蛋应平放，间隔适中，以保证通风正常。严禁使用吸蛋机或倒盘机移盘，落盘后便停止翻蛋。

（8）出雏　发育正常的胚胎，落盘时在蛋壳上已有一啄洞突起，于第 16 天开始出雏。此时应关闭照明灯，遮住出雏机观察窗，以免雏鹑骚动影响出雏。正常每天早上和下午各出雏 1 次，捡出绒毛已干的雏鹑和空蛋壳；出雏量大时应增加出雏次数，在孵化满 17 天时全部结束出雏。对于弱雏要做好护理工作，清理入孵满 17 天的蛋，登记死胚蛋数量。

采用立体孵化机恒温孵化时，每隔 5 天入孵一批（在孵化机内注意交叉间隔放入孵化盘），待第 4 批入孵之日，即第1 批落盘之时。据测定，日本鹌鹑自入孵至听到壳内雏鹑的叫声约需 380 小时（15.8 天），从听到叫声至出壳约需 10 小时，从破壳出雏至胎毛干燥约需 5 小时，其总的孵化期限为 16.5 天。

（9）出雏后的管理　出雏结束后，应抽出出雏盘和水盘清洗、消毒备用。清扫出雏机（特别对有轨道的槽），用高压水枪冲洗箱底和箱壁，熏蒸消毒后备用。

①雏鹑分级：在出雏室，对自别雌雄配套系的杂交品种，则按胎毛色彩予以分捡与分级，坚决淘汰血脐、钉脐、大肚、瞎眼、歪嘴（喙）、行走不稳、过小、过轻、弯趾、胶毛等残次畸形雏鹑，出壳时间未超过 14 小时的雏鹑方能装入运雏箱运输，注意保温。健雏和弱雏的区分标准见表 6-2。

表 6-2　健雏和弱雏的区分标准

项　目	健　雏	弱　雏
出壳时间	在正常的孵化期内出壳	过早，或最后出壳，或从蛋壳中剥出
绒　毛	绒毛整洁而有光泽，长短合适	绒毛蓬乱污秽，有时短缺，无光泽
体　重	体态匀称，大小均匀一致	大小不一，过重或过轻
脐　部	愈合良好、干燥，其上覆盖绒毛	愈合不良，脐孔大，触摸有硬块，有黏液，或卵黄囊外露，脐部裸露
腹　部	大小适中，柔软	特别膨大
精　神	活泼，反应灵敏，腿干结实	痴呆，闭目，站立不稳，反应迟钝
感　触	抓在手中饱满，挣扎有力	瘦弱，松软，无力挣扎
叫　声	清脆响亮	嘶哑无力

②初生雏鹑雌雄鉴别：在生产实践中，无论采取二元杂交或三元杂交，大多利用伴性遗传的原理，通过杂交雏不同的胎毛颜色鉴别雌雄。但对于纯种的初生雏，则可采取肛门鉴别。

肛门鉴别时姿势要求正确，轻巧迅速，并应在出雏后 6 小时内空腹进行。鉴别时，在 100 瓦的白炽灯光线下，用左手将雏鹑的头朝下，背紧贴掌心，以左手拇指、食指和中指质量捏住鹑体，并轻握固定；右手食指和拇指将雏鹑的泄殖腔上下轻轻拨开。如泄殖腔黏膜呈黄色，其下壁的中央有一小的舌状生殖突起，即雄性；如泄殖腔黏膜呈浅黑色，无生殖突起，则为雌性（图 6-7）。

3. 人工孵化的条件及控制

（1）温度控制　温度是胚胎发育的首要条件，应根据不同地区的气候和环境温度来调节孵化机的温度。孵化机以恒温方式孵化，冬天 37.8℃、夏天 37.4℃。出雏机以 36.7℃出雏。孵化室

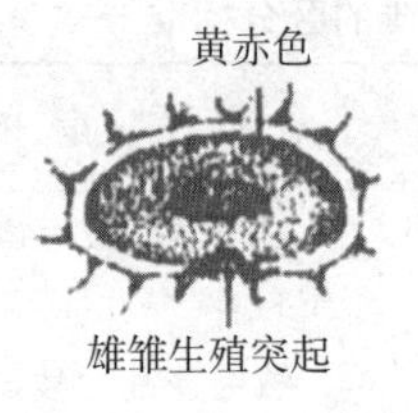

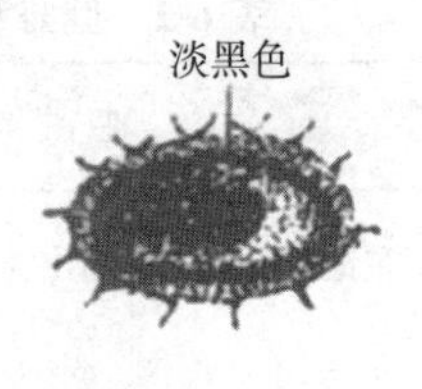

图 6-7　雏鹑雌雄翻肛鉴别

（引自林其騄）

的温度应保持在 20℃以上。每天定时巡查和登记孵化机、出雏机门表温度、湿度，每天至少 2 次对比孵化机、出雏机电子显示温度与门表温度的差别，每个月定期用温度计测量孵化机的温度，若出现异常及时校正。孵化机维修维护后应进行温度检测校正。

（2）湿度控制　孵化机湿度控制在 50%～70%，出雏机控制在 57%～80%，在空气较为干燥的情况下，可用加湿器辅助。

（3）通风控制　孵化器内新鲜空气含量以氧气 21%、二氧化碳 0.4%孵化效果最佳。孵化前期需氧量较低，然后逐渐增加，后期应逐渐加大通风量；冬季天气寒冷，应减小孵化机和出雏机的通风量；夏季天气炎热，应增加孵化机和出雏机的通风量，并加大孵化室内外的空气流动。

（4）翻蛋　孵化机的自动翻蛋设置为每 2 小时翻蛋 1 次，翻蛋角度以 90°为宜。

（5）其他条件及应急操作　所用温度计、湿度计应符合要求，并经过计量检定合格。停电时应按应急管理规定及时启用备用电源，保证孵化室的运作。

4. 孵化效果的检查和分析

孵化效果的检查和分析主要从以下几方面着手：孵化第 5 天（也就是第 1 次照蛋）和孵化第 10 天（也就是第 2 次照蛋）观察初期胚胎发育状态，出雏时间和雏鹑体状况是否正常，以及解剖死胚蛋分析死亡原因等（表 6-3）。

表 6-3　鹌鹑胚胎发育死亡原因

死亡现象	主要原因
死于壳内，气室大	孵化湿度偏低，温度太高
死于壳内，气室小	孵化机内或室内通风不够，湿度较高
死于壳内，气室正常	种鹌鹑问题，造成种蛋品质先天不足
血环	胚胎早期死亡，多数由于种蛋保存不当，胚胎软弱，温度太高或太低
卵黄破裂	先天性，陈蛋，运输时过分冲击，不正确翻蛋
后期死亡或啄壳不出	胚胎弱，湿度偏低
在蛋的锐端啄壳	胎位不正，通风不良
在尿囊外有剩余蛋白	翻蛋不正常
啄壳时喙粘在蛋壳嘌口上，嗉囊、胃和肠充满液体	湿度太高
胚胎营养不良，脚短而弯曲，有“鹦鹉嘴”，绒毛基本整齐	蛋白质中毒
破壳时死亡多，卵黄吸收不好，卵黄囊、肠和心充血，心脏小	孵化后半期长时间温度偏高
未啄壳，尿囊充血，心脏肥大，卵黄吸入，但呈绿色，肠内充满卵黄和粪	湿度偏低

5. 孵化机和孵化室内的清洁消毒

（1）孵化机清洁消毒　每 5 天换一次孵化机内水盆的水，同时清洗并消毒水盘。每次换水时应对水盆上的盖网用消毒液进行喷雾消毒。定期清洗孵化机，清扫干净后再用消毒液拖洗。

（2）出雏机清洁消毒　清理最后一批蛋后，用消毒液清洗出雏机，清洗后用甲醛熏蒸消毒 30 分钟，备用。

6. 孵化室卫生防疫及废弃物的处理

（1）孵化室卫生防疫　孵化室进出口设消毒池，放置消毒脚垫，选用合适的消毒液。严禁非工作人员进入孵化室，工作人员应在更衣室换穿干净的工作服和工作鞋并洗手消毒后方可进入孵化室。工作人员开始进行一个孵化操作过程前后，均应洗手消毒，完成操作后亦需洗手消毒。孵化室内外的地面和墙面每天要喷雾消毒1次，每月进行1次灭蚊、灭蝇、灭鼠工作。

（2）*废弃物的无害化处理* 将孵化过程中产生的死胚、蛋壳和死亡雏鹑等废弃物装入密封塑料袋中，运出孵化室到指定场所进行无害化处理。

7. 孵化记录和统计分析

（1）*孵化记录* 应记录每天的入孵蛋数量、光蛋数量、死胚蛋数量、死仔数，以及孵化机、出雏机、孵化室每天的温湿度，并按要求收集保存。

（2）*孵化数据统计分析* 孵化统计周期为1个月，统计入孵蛋数量、光蛋数量、死胚蛋数量、出雏数、受精率、孵化率等数据。对数据作统计分析，作为指导生产管理的依据。

第七章 <<< 兽医综合防控技术

一、传染病的基本概念

1. 传染病的概念

凡是由病原微生物引起的具有传染性的疾病称为传染病，通常分为细菌性传染病（如鹌鹑大肠杆菌病）和病毒性传染病（如鹌鹑新城疫）。

2. 传染病的特征

①由特异的病原微生物引起；②具有传染性和流行性；③被感染的机体发生特异性反应；④具有特征性的临床表现；⑤具有明显的流行规律，例如有明显的周期性或季节性。

3. 传染病流行过程的基本环节

传染病流行过程包括传染源、传播途径和易感性（图 7-1）三个基本环节。

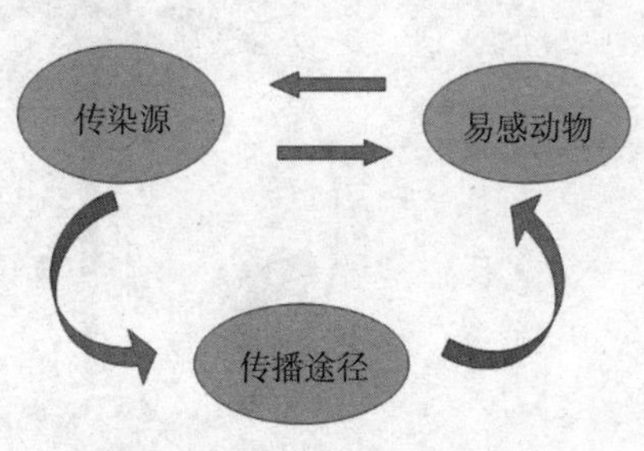

图 7-1　传染病流行示意图

（1）传染源　亦称传染来源，包括患病鹌鹑和病原携带者。鹌鹑在急性暴发疾病的过程中或在病情转剧期可排出大量病原，故此时其危害最大。当然传染源还包括带菌（毒）家禽、昆虫、鸟、老鼠等。

（2）传播途径　指病原微生物由传染源排出后，经一定的方式再侵入其他易感动物所经的途径。

传染病传播途径可分为垂直传播和水平传播两种类型。

①垂直传播：由于种鹑患病，在没有任何外界因素的参与下，通过种蛋将细菌或病毒等病原微生物纵向传播给下一代鹌鹑，引起下一代天生就带有来自亲代鹌鹑的病原微生物，引起发病，例如鹌鹑沙门氏菌病、支原体感染等（图 7-2）。

图 7-2　疫病垂直传播

②水平传播：外界包括种鹌鹑身上的病原微生物以横向方式传染给健康鹌鹑（图 7-3），引起感染发病，主要通过以下途径传播：

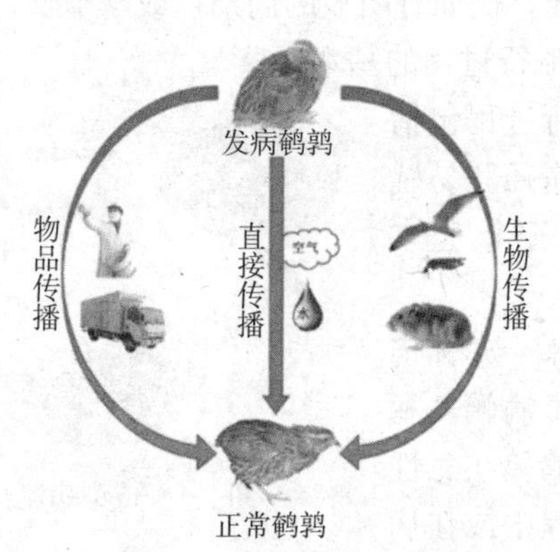

图 7-3　疫病水平传播

通过病鹑传播：目前鹌鹑的饲养多规模化、集约化，饲养数量多、密度大，一旦发生疫情，如果不能及时发现和处置，病鹑包括一些亚健康的鹌鹑会通过污染饲料、饮水、空气等途径或通过直接接触方式而感染养鹑场内其他鹌鹑，常会导致全场鹌鹑群感染而使疫情扩散和蔓延。

通过人员传播：饲养人员、工作人员、参观者等未经严格消毒就进入养鹑场，会将外界病原微生物带入养鹑场。

通过空气传播：鹑舍通风不良、密度过高，有害气体污染空气，病原微生物吸附于灰尘中，健康鹌鹑吸入后引起发病，例如鹌鹑疱疹病毒感染、衣原体感染等呼吸道传染病可通过飞沫传播。

通过物品传播：被病原微生物污染过的饲料、饮水、食槽、水槽、车辆、器具等都是传播鹌鹑病的重要途径，例如鹌鹑新城疫、沙门氏菌病、腺病毒病等以消化道为侵入门户的传染病主要通过这样的方式传播。

通过其他生物传播：其他生物主要有蚊子、苍蝇、鸟、猫、老鼠、黄鼠狼和体外寄生虫等，它们都是疾病传播者，能将病原微生物在鹌鹑之间传播，也会将外界的病原微生物带入，如飞鸟能将养鹑场外的新城疫病毒带入养鹑场，蚊虫通过叮咬传播鹌鹑痘病毒。

（3）*易感性*　指鹌鹑对于某种传染病病原微生物的感受性，是传染病发生与传播的第三个环节，直接影响到传染病是否造成流行及严重程度。鹌鹑的易感性主要与病原微生物的种类和毒力有关，同时还与鹌鹑的自身遗传特性（内因）、饲养管理水平（外因）和特异性的免疫状态有关。为此，生产上应注意选择优良的品系、品种，加强饲养管理（例如保证饲料质量，保持鹑舍清洁卫生，定期清理粪便，避免拥挤、饥饿等应激，合理通风，及时进行预防性给药和疫苗免疫接种，做好检疫、隔离工作等），提高鹌鹑特异性和非特异性免疫力，增强对疫病的抵抗力，降低对病原微生物的易感性，减少发病的风险。

4. 鹌鹑疾病防控的原则

(1) 树立“预防为主，养防并重”的鹌鹑疾病防控理念　加强饲养管理，防止病从口入，饲喂的饲料要新鲜、干净、优质，饮用水要清洁、卫生、安全，科学饲养，提高体质，增强机体的抗病力；搞好养鹑场内外环境的清洁卫生和消毒工作，料槽、水槽要经常清洗，垫料要清洁、干燥，勤清鹌鹑粪，降低病原微生物数量，做好疫苗接种等防疫工作，合理预防用药，提高鹌鹑的抵抗力。建立完整的生物安全体系，防止病原微生物的侵入、扩散和传播。

(2) 做好疫苗免疫工作　疫苗免疫是有效防控重大动物疾病暴发与流行的重要举措，良好的免疫可使后代鹌鹑有较好的母源抗体，一般能够抵御相应病原微生物的侵害，保证较高的成活率。因此，应加强免疫检测工作，通过了解鹌鹑的母源抗体水平和鹌鹑群的免疫水平，结合本场疾病流行特点和疫情实际，制订适合本场的免疫程序。

(3) 建立疫病快速准确诊断技术　采取综合性检查，对发生的疾病尽早尽快作出诊断。通常首先根据流行病学调查分析、临床观察检验和病理剖检变化作出初步诊断，并采取应急控制措施。同时，采集相应病料送检，作进一步的实验室检查（病原学、血清学、药敏试验等），以便及时确诊，从而采取针对性防疫措施。

(4) 重视种鹌鹑疾病的净化　鹌鹑沙门氏菌、支原体等垂直传播的病原微生物一旦在鹌鹑群存在就很难根除，治疗也很困难。只能从种鹌鹑下手，通过自繁自育、加强检疫净化淘汰等方式，建立无支原体、沙门氏菌等种鹌鹑群。

(5) 建立疫情监测和报告制度　加强疫情监测工作，做好疫情的预测、预报工作，一旦发生严重的传染病流行，应采取紧急防疫措施，隔离病鹌鹑，烧毁、深埋死鹌鹑，彻底消毒环境及饲养用具等，及时消灭病原体，防止病原扩散，减少发病，降低损失。

二、构建生物安全体系

生物安全指防止把引起畜禽疾病或人兽共患病的病原体引进鹌鹑群的一切饲养管理措施，通俗地讲是防止有害生物进入和感染健康鹌鹑群所采取的一切措施。构建生物安全体系必须在硬件和软件两方面都要下功夫，凡是与鹌鹑群相接触的人和物，包括鹑舍、鹌鹑、人员、饲料、饮水、设备甚至空气等方方面面，都是实施生物安全需要控制的对象，所以需要在做好硬件规划设计和建设基础上，制订严格的操作规程和管理制度，确保生物安全体系达到效果。

1. 硬件

硬件主要指养鹑场科学选址，尽量远离畜禽养殖场，远离大的湖泊、水道、候鸟迁徙路径和公路；合理布局各功能区（生产区、管理区、病鹑隔离区），避免相互干扰和引起疾病传播；养鹑场内部道路建设要严格区分清洁走道和污染走道；尽量密封排污管道，使用机械刮粪收集鹌鹑粪时粪池要设计成密封的，避免污染物外流，也有利于粪便无害化处理。鹑舍的地面和墙壁要能耐受高压水的冲洗，要建设良好的杀鼠、灭虫和防鸟的安全措施。现代化鹑舍是全封闭式的，能控温控湿、纵向通风、机械除粪、自动消毒。

2. 软件

（1）*强调人的因素*　包括人的主动性，以及人对整个养鹌鹑生产环境的控制，而不仅仅局限于对单个鹌鹑及鹌鹑群的管理与控制。同时强调对人员的管理，这些人员包括场主、管理人员、一线工人、服务人员、运输人员、邻居、合同工、来访者及其他相关人员，必须加强培训使每个人认识到生物安全的重要性，使他们认识到生物安全是预防疾病、减少疾病危害的有效手段。

（2）*制订各项规章制度*　主要包括消毒池管理制度、人员进出的规章制度、鹑舍内清洁卫生消毒制度、车辆消毒制度、工具消毒制度、垫料消毒制度、病鹌鹑隔离制度和病死鹌鹑无害化处理制度等，养鹑场员工应主动、认真执行制定的规章制度。

（3）加强饲养管理　尽量避免不同品种的鹌鹑混合饲养，尽可能采用“全进全出”饲养模式，合理通风，控制饲养密度，供应营养均衡的全价饲料，避免饲喂霉变或有毒素的饲料，减少或避免各种应激。

生物安全体系分为3个层次（图7-4）。

总体性生物安全：最基本层次，是整个疾病预防与控制计划的基础。包括场地选择、操作区域及不同鹌鹑品种的隔离、生物密度的降低和野生鸟类的驱除。

结构性生物安全：第二层次，包括养鹑场布局、鹑舍构造、辅助系统或设施如清洁走道、污染走道、给排水系统、消毒设备、料槽等的建设。这一层次出现问题时，往往都来不及纠正。

作业性生物安全：第三层次，包括日常管理程序和具体操作，可以及时发现问题和作出相应的调整。合理制定和严格执行相关制度和规程，从而确保作业的安全，是对管理者及所有人员切实的基本要求。

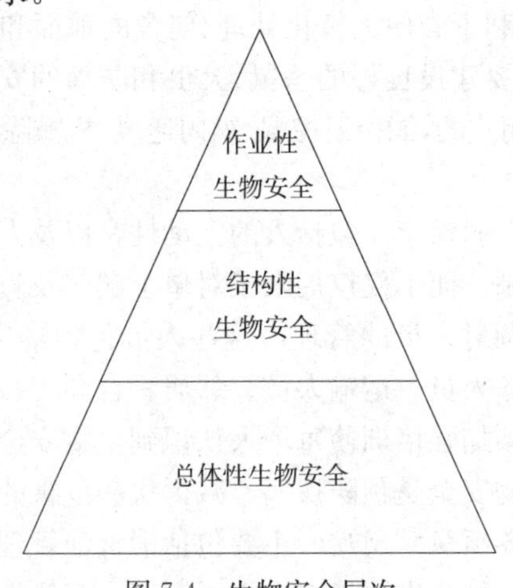

图7-4　生物安全层次

生物安全体系归纳来说，科学选址是基础，合理布局是前提，清洁卫生是根本，完善管理是保证，全进全出是手段，有效消毒是关键，确切免疫是核心，科学用药是补充。

三、建立严格的消毒管理制度

1. 消毒的意义

消毒的目的是消灭鹑舍内及周围环境中的病原微生物，切断传播途径，预防传染病的发生或阻止传染病蔓延，是一项重要的防疫措施，是防控传染病的三大法宝之一。通过对养鹑场实行定期消毒，使鹌鹑周围环境中的病原微生物减少到最低程度，以预防病原微生物侵入鹌鹑群，可有效控制传染病的发生与扩散。

2. 影响消毒剂效果的因素

合理使用消毒剂很重要，消毒剂的作用受许多因素的影响而增强或减弱，具体影响因素有以下几方面。

（1）微生物的敏感性　不同的病原微生物，对消毒剂的敏感性明显不同，例如病毒对碱和甲醛很敏感，而对酚类的抵抗力却很强。大多数消毒剂对细菌有作用，但对细菌的芽孢和病毒作用很小，因此在防治传染病时应考虑病原微生物的特点，选用合适的消毒剂。

（2）环境中有机质的影响　当环境中存在大量的有机物如鹌鹑的粪、尿、血、炎性渗出物等时，能阻碍消毒剂直接与病原微生物接触，从而影响消毒剂效力的发挥。另一方面，这些有机物往往能中和和吸附部分药物，减弱消毒作用，因此在使用消毒剂前，应进行充分的机械性清扫，彻底清除消毒物品表面的有机物，从而使消毒剂能够充分发挥作用。

（3）消毒剂的浓度　一般说来，消毒剂的浓度越高，杀菌力也就越强，但随着药物浓度的增高，对机体活组织的毒性也就相应增大。另一方面，当浓度达到一定程度后，消毒剂的效力就不再增强。因此，在使用时应选择有效和安全的杀菌浓度，例如75%酒精要比 95%酒精的杀菌效果好。

（4）消毒剂的温度　消毒剂的杀菌力与温度成正比，温度增高，杀菌力增强，通常夏季消毒作用比冬季要强，因此冬天消毒时，可加入适量开水以增强消毒剂的杀菌力。

（5）药物作用的时间　一般情况下，消毒剂的效力与作用时间成正比，与病原微生物接触的时间越长，其消毒效果就越好。作用时间若太短，往往会达不到消毒的目的。

3. 常见的消毒方法

消毒的方法包括物理消毒法、化学消毒法、生物热消毒法。根据消毒的对象不同，可采用不同的消毒方法。

（1）物理性消毒法

①清扫：本法适合所有鹑舍、设施、设备及运输工具等，更适合日常鹑舍的清洁维护，是最基本和最经济型的消毒方法，是进行其他消毒方法前必须开展的工作。及时、彻底地清扫鹑舍内粪便、灰尘、羽毛等废弃物，可去除鹑舍中 80%～90%的有害微生物。需要注意时，在清扫前喷水或洒水，可避免灰尘飞扬，降低清扫工作对鹌鹑健康的影响。常用的工具有扫帚、鸡毛掸等，部分养鹑场可因地制宜使用稻草、布条等材料制作工具。

②更衣（鞋）：在从外进入生产区时及从生产区进入鹑舍时更换衣帽（鞋），可有效防止外界病原体进入养鹑场、鹑舍，是日常管理的重要环节之一。

③紫外线消毒：适合更衣室，将工作服、鞋用完后悬挂于更衣室内，开启紫外线灯，照射 1～2 小时。需要注意的是，工作服、鞋每周应洗净 1～2 次，并经 24 小时熏蒸消毒。

④冲洗：适合空关鹑舍和车辆的消毒，多选择高压冲洗，可冲洗掉鹑舍中清扫时的残留物，或冲洗无法清扫的地方。冲洗顺序是先屋顶，然后是墙壁和笼具，最后是地面，由高到低，避免后面冲洗的污水污染已冲洗干净的地方或物品。虽然部分地区在

炎热季节可带鹑冲洗，但还是要尽可能避免，以免淋湿鹌鹑和冲洗液沾污鹌鹑，对鹌鹑造成较大的应激和污染。冲洗工具是高压水枪（图 7-5）。

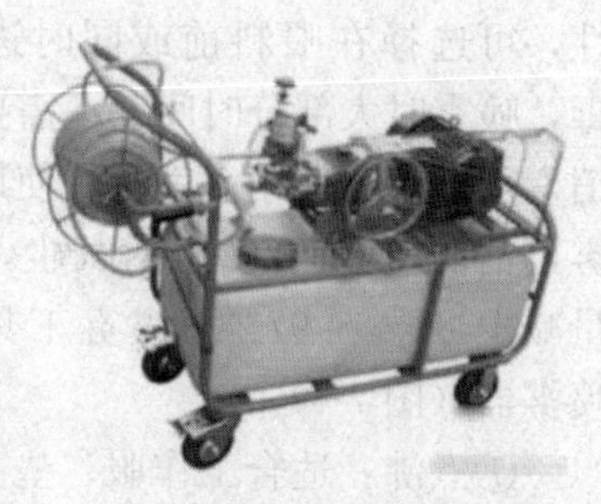

图 7-5　高压水枪

进入养鹑场的饲料运输车辆等，应在场区外对其外表面消毒，然后经过消毒池后才能进入场区，若需进入生产区必须再次消毒后方能进入。

⑤火烧：适合空关鹑舍的消毒，多在清扫、冲洗后再次对鹑舍进行消毒，是传统的消毒方法。使用煤油喷灯（图 7-6），喷烧地面、砖墙、金属、不易燃笼具等，利用高温杀死病原体，其消毒作用彻底，消毒效果比较好。需要注意的是火烧前一定清扫干净，过多的灰尘、残留物会影响消毒效果；喷烧时千万不能烧到易燃材料，禁止在易燃易爆场所使用，以免引起火灾；同时做好个人防护工作，避免烧伤自己。另外注意的是，煤油喷灯只允许用符合规格的煤油，严禁用汽油或混合油，油量只能装满到 1/2，不可装足，以防爆炸。

图 7-6　煤油喷灯

⑥喷雾：适合生产中鹑舍的清洁工作。鹌鹑属于鸟类，有飞翔特性，喂料时易拍打翅膀，扬起粉尘。鹑舍每克灰尘中大肠杆菌含量可达 10^5～10^6 个，而且鹌鹑呼吸系统特别敏感，如此环境易使鹌鹑出现细菌感染和呼吸道疾病。针对鹌鹑这样的生活特

性，可选择在喂料前或同时进行喷雾消毒，喷雾时大部分时间并不需要添加任何消毒剂，仅需使用水就行，使用水进行喷雾可清除80%～90%的灰尘，可使细菌量减少84%～97%。喷雾工具为专用的喷雾器（图7-7）。

图7-7　喷雾器

⑦煮沸：适合工作服、垫布、器皿等物品，一般在清洗后进行煮沸消毒，是常用的消毒方法，也是非常经济实用的消毒方法。需要注意的是，所有煮沸的物品一定要浸泡于水中；一定要烧沸，并且持续一定时间（一般为30分钟）；煮沸物品取出晾干后，需要放置于清洁的地方，注意避免被污染；煮沸物品一般现煮现用，放置时间不能太久，否则需要重新消毒。

⑧高压高温：适合兽医物品，工具为医用高压锅（图7-8），颗粒饲料也是采用高温的方式生产的。

图7-8　医用高压锅

（2）*化学消毒法*　化学消毒法是养鹑场常采用的消毒方法，并且已从过去单一的环境消毒，发展到带鹌鹑消毒、空气消毒和饮水消毒等多种途径消毒，所用的消毒剂种类也非常多。

①浸泡消毒：在养鹑场、鹑舍的进出口设置消毒池，内置10%石灰乳、5%～10%漂白粉或2%氢氧化钠。要经常保持药液的有效浓度，定期更换消毒剂，保持药物的有效性。耐浸泡的物品也可采用此法消毒。

②喷雾消毒：将消毒液配制成一定浓度的溶液，用喷雾器进行喷雾消毒，喷雾消毒的消毒剂应对鹌鹑和操作人员安全没有副作用，而对病原微生物有杀灭能力。需要注意的是，喷雾的雾滴以在100微米左右为宜，使水滴呈雾状，一般要求在空间中停留的时间达10～30分钟，以便对空气、鹑舍墙壁和地面、笼具、鹌鹑体表、鹌鹑巢、栖架等发挥消毒作用。鹑舍内应每日清扫，鹑舍外主要干道每周清扫2次，每周喷雾消毒1～2次，消毒剂每月更换1次，以防止病原微生物产生抗药性。尸体剖检室或剖检尸体的场所及运送尸体的车辆，经过的道路均应立即进行冲洗消毒。

③熏蒸消毒：常选用甲醛（福尔马林）和高锰酸钾。熏蒸的气雾可渗透到每个角落，消毒比较全面。消毒时必须封闭鹑舍，应注意消毒时室内温度不低于18℃，舍内的用具等都应打开，以便让气体能渗入，盛放甲醛的容器不得放在地板上，必须悬吊在鹑舍中。药品的用量是：每立方米的空间应用甲醛25毫升、水12.5毫升、高锰酸钾25克。计算、称量后，将水与甲醛混合，倒入容器内，然后将高锰酸钾倒入，用木棒搅拌，经几秒钟即见有浅蓝色刺激眼鼻的气体蒸发出来。经过12～24小时后方可将门窗打开通风，消毒后隔1周，等到刺激气味消失，才可使用。

（3）*生物热消毒法*　多用于大规模废物和排泄物的处理。利用自然界中的嗜热细菌繁殖产生的热，将鹌鹑粪便中大多数病毒、除芽孢以外的细菌、寄生虫幼虫和虫卵等病原体杀灭。具体做法：收集新鲜鹌鹑粪，拣净杂物，捣碎后按一定比例混合后发酵，一般鲜粪35%，米糠或秸秆35%，与切碎的青饲料30%混匀，再加入适量的水（以将上述肥料拌匀后，刚有极少量水渗出为度），然后起堆并用泥土或塑料封严，创造厌氧环境。环境温度在 10～15℃时发酵需 7～10 天，20℃以上时需 3～5 天，30℃时需 2 天。利用肥料在发酵过程所产生的高温，加快腐熟的速度，并将肥料中的纤维素、半纤维素、果胶物质、木质素进行分解，形成腐殖质。同时，杀灭肥料中的有害微生物、虫卵、草籽。但要注意的是，由于堆肥中的肥料在发酵过程中会产生高温，过高的温度会令相当部分的肥效损失。因此，在肥堆中要插入温度计，当肥堆中的温度达到 65℃时，要适当加入冷水或将肥堆打开，降至约 45℃时再将肥料重新堆合。一般在肥堆内保持 50～65℃的条件下，约 1 周可杀死有害微生物、虫卵及草籽，基本达到无害化指标，最后让温度缓慢降低，以利养分的转化及腐殖质的形成。

4. 常用的消毒剂

氢氧化钠（烧碱）、过氧乙酸（醋酸）、甲醛（福尔马林）、漂白粉、石灰乳、高锰酸钾、来苏儿、克辽林、百毒杀、新洁尔灭、洗必泰、消毒净、度米芬、双链季铵盐、环氧乙烷、次氯酸钠和碘溶剂等。

5. 养鹑场的消毒制度

①养鹑场、鹑舍的入口处要设有消毒池，并经常交替更换消毒液，以保证药效。大门口消毒池的大小为 3.5 米×2.5 米，放置的消毒水深度以能对车轮的全周长进行消毒为宜，消毒池上方应建设挡雨棚，消毒池旁边可另设行人消毒池，供人员进出使用。

②生产区内严格控制外来人员参观，非养鹑场工作人员和车辆不得随便进入。必须进入时要经严格的消毒后方可进入。场内工作人员进入生产区前须经过消毒室或消毒走廊更衣消毒。各鹑舍人员不可随便窜动，舍内工具也应固定使用。

③养鹑场内不得混养其他家禽或家畜，并尽可能地杜绝野禽

进入养鹁场。

④养鹁场工作人员不得从外面购食病死畜禽，也不能在外面从事家禽的养殖活动，以防引入传染病。

⑤病鹁要及时隔离，死鹁经兽医工作人员检查后可在离养鹁场较远处深埋或焚烧，切忌到处乱丢或喂猪、犬等，致使病原微生物到处散布。场内饲养人员不得私自解剖病死鹌鹑。

⑥定期对鹁舍内外的环境、地面进行消毒，一般要求每月对周围环境至少消毒 1 次，每周对鹁舍至少消毒 2 次，每天用清水对鹁舍喷洒 1 次。

四、做好免疫接种和药物防治

1. 疫苗及其种类

疫苗指具有良好免疫原性的病原微生物经繁殖和处理后的制品，用以接种动物使其产生相应的免疫力。这类物质专供相应的疾病预防之用。

疫苗分为活菌（毒）疫苗、灭活疫苗、类毒素、亚单位疫苗、基因缺失疫苗、活载体疫苗、人工合成疫苗、抗独特型抗体疫苗等。临床上常用的有冻干活疫苗和油乳剂灭活疫苗，如鸡痘冻干苗、鸡新城疫Ⅳ系冻干苗、鸡新城疫油乳剂灭活疫苗和禽流感 H5 亚型油乳剂灭活疫苗等。

2. 活疫苗的免疫方法

鹌鹑预防接种方法有多种，不同的免疫方法则要求不同，应予以注意。

（1）饮水免疫　此法省工、省力，若使用适当，效果较好。免疫前停水 2～3 小时，将疫苗混匀于饮水中后让鹌鹑饮用，控制在 15～30 分钟内饮完，这样短时间内即可达到每只鹌鹑都能饮到足够均等的疫苗。还需注意用苗前后 48 小时不得使用消毒剂，消毒剂会影响疫苗的效果；如疫苗的浓度配制不当、疫苗的稀释和分布不均、水质不良、用水量过多、免疫前未按规定停水等，都可影响疫苗的效果。

（2）*滴鼻或点眼* 用滴管将稀释好的疫苗逐只滴入鼻腔内或眼内。滴鼻或点眼免疫时要控制速度，确保准确，避免因速度过快使疫苗未被吸入而被甩出，造成免疫无效。

（3）*气雾免疫* 疫苗采用加倍剂量，用特制的气雾喷枪（图7-9）使雾化充分，雾粒子直径在40微米以下，让雾粒子能均匀地悬浮在空气中。需要注意的是，如果雾滴微粒过大，沉降过快，鹑舍密封不严，会造成疫苗不能被鹌鹑吸入或吸入不足，影响免疫效果。

图7-9　活疫苗喷雾专用机
（雾滴大小可调节范围为10～150微米）

（4）*注射免疫* 包括皮下注射和肌内注射。注意严格消毒注射器和针头，选择合适的针头，若针头过长、过粗，疫苗注射到胸腔或腹腔或神经干上，可造成死亡或跛行。

（5）*刺种* 用刺种针或钢笔尖蘸取疫苗液在鹌鹑的翅膀内侧少毛无血管部位接种，主要用于鸡痘疫苗的免疫。刺种前工具应煮沸消毒10分钟，接种时勤换刺种工具。

3. 疫苗接种的注意事项

（1）*把好疫苗质量关* 选择优质的疫苗，了解疫苗的性能和类型，认清疫苗的批号、出厂日期、厂家和用量，切勿使用过期疫苗和非法疫苗。假疫苗质量低劣，真空度、效价等都很差，很难达到免疫效果。

（2）*做好疫苗的运输与保管* 冻干疫苗自生产之日起在

－15℃条件下可保存2年，在10～15℃条件下只能保存3个月，灭活油乳剂疫苗存放于冰箱保鲜层或室温阴凉处，严防日晒。另外，疫苗运输时也要确保低温，防止疫苗包装标签虽然在有效期内，但效价明显降低甚至失效。

（3）正确使用疫苗　应按说明书的规定正确使用疫苗，例如新城疫Ⅳ系弱毒活疫苗一般选用生理盐水稀释，要现用现配；可点眼、滴鼻、喷雾、饮水，选择饮水应加倍量；用疫苗前应停水2小时左右，严禁用含氯离子的自来水稀释；配好的疫苗尽可能1小时内用完；避免阳光直接照射疫苗，否则影响疫苗质量。灭活油乳剂疫苗使用前要从冰箱取出，回温到室温后再使用；使用时做到不漏种，剂量准确，方法得当。剩余的苗应进行无害化处理，可用消毒液浸泡，也可高压灭菌或焚烧处理。

（4）避免消毒药对疫苗的影响　冻干苗是一种活苗，与消毒药一接触就会失去活力，使疫苗失效，引起免疫失败。在养鹌鹑生产中，每周都要使用消毒药对鹑舍、用具进行冲洗或喷雾消毒，还有的养鹌鹑户用0.05%高锰酸钾等饮水消毒，用于疾病预防。因此，在接种冻干疫苗前后2天内严禁饮用消毒药水，经消毒后的饮水器和食槽须用清水冲洗干净后才能使用。

（5）防止抗病毒药对活毒疫苗的影响　因抗病毒药在体内可抑制病毒的复制，从而严重抑制活毒疫苗在体内的抗原活性，影响免疫抗体的产生，所以在用疫苗前后2天内禁用抗病毒药。

（6）减少疫苗之间的相互干扰　新城疫弱毒疫苗和传染性法氏囊弱毒疫苗之间会产生干扰，在接种法氏囊炎疫苗后应间隔7天以上再接种新城疫疫苗，否则会因法氏囊的轻度肿胀而影响新城疫免疫抗体的产生。

（7）降低母源抗体的中和　母源抗体是指种鹌鹑较高的免疫抗体经卵黄输给下一代鹌鹑。这种天然被动免疫抗体，可抵抗相对应强毒的侵袭。如鹌鹑过早接种疫苗，疫苗会被母源抗体所中和，母源抗体越高，被中和的越多，影响免疫效果。因此，应根据鹌鹑的母源抗体水平，决定鹌鹑的首次免疫接种日龄。

（8）*制订合理的免疫程序* 为了更好地达到防疫效果，控制传染病，应根据自身养鹑场实际情况结合当地流行疫情制订适合本养鹑场的免疫程序，科学合理地确定免疫接种的时间、疫苗的类型和接种方法等，有计划做好疫苗的免疫接种，减少盲目性和浪费现象。应定期检测鹌鹑群的血清抗体，掌握鹌鹑群免疫水平。当发现抗体达不到保护水平时，需及时补种疫苗，提高抗体水平。

4. 合理使用兽药

（1）*严格掌握兽药的适应证* 根据临床症状，弄清致病原因，选用适当的药物。对于革兰氏阳性菌引起的感染，可选用青霉素、红霉素和四环素类药物；对于革兰氏阴性菌引起的感染，可选用氟苯尼考等药物；对于耐青霉素及四环素的葡萄球菌感染，可选用红霉素、庆大霉素等药物；对于支原体病或立克次氏体病，可选用四环素族广谱抗生素和林可霉素；对于真菌感染，可选用制霉菌素等。

（2）*选择最佳抗菌药物* 在养鹑场或兽医部门条件允许时，最好通过药敏试验，选择敏感药物，确定最佳防治用药措施。

（3）*注意兽药的用法和用量* 使用药物时应严格遵守用药剂量和用药次数与时间，首次剂量宜大，以保证药物在鹌鹑体内的有效浓度，疗程不能太短或太长。如磺胺类药物，一般连续用药不宜超过5天，必要时可停药2～3天后再使用。用药期间应密切注意药物可能产生的不良反应，及时停药或改药。给药途径也应适当选择，严重感染时多采用肌内注射给药，一般感染和消化道感染以内服为宜，但严重消化道感染引起的败血症，应选择注射法与内服并用。在应用抗菌药物治疗时，还应考虑到药物的供应情况和价格等问题，尽量优先选择疗效好、来源广、价格便宜的中草药等。

(4) 抗生素的联合应用 联合用药一般可提高疗效、减少毒性作用和延缓细菌产生耐药性，应结合临诊经验使用，如新诺明与甲氧苄氨嘧啶合用，抗菌效果可增强数十倍；而红霉素与青霉素、磺胺嘧啶钠合用，可产生沉淀而降低药效。因此，用药时应注意发挥药物间的协同作用，避免药物间的配伍禁忌。

(5) 防止细菌产生耐药性 除了掌握抗生素的适应证、剂量、疗程外，还要注意到将几种抗生素交替使用，避免滥用抗生素，以防止产生耐药性。

(6) 选择合适的给药方法 使用药物时应严格按照说明书及标签上规定的给药方法给药。在鹌鹑发病初期，能吃料饮水，给药途径也多。在疾病中后期，鹌鹑若吃料饮水明显减少，通过消化途径难以给药，最好选择注射给药。采用内服给药时，一般宜在饲喂前给药，以减少胃内容物对药物的影响。刺激性较强的药物宜在饲喂后给药。饮水给药时，应在给药前 2～3 小时断水，要让鹌鹑在规定的时间内饮完。混饲给药时，一定要将药物混合均匀，最好用搅拌机拌和；手工拌和时可将药物与少量饲料，混匀，然后再将混过药的饲料与其他料混合，这样逐级加大饲料量，直到全部混合完。采用注射给药时，要注意按规定进行消毒，控制好每只鹌鹑的注射量。注射动作应仔细快速，位置准确，严禁刺伤内脏器官或将药液漏出体外。

(7) 严格遵守休药期规定 对毒性强的药物需特别小心，以防中毒。为防止鹌鹑肉、蛋产品中的药物残留，严格遵守停药期，特别在出售或屠宰上市前 5～7 天必须停药，保证产品中兽药残留不超标。

(8) 减少兽药对疫苗的影响 在注射疫苗前后 48 小时，禁用抗病毒药和消毒药，碱性强的药物（如磺胺类药物）也不宜与疫苗同时使用。

(9) 做好用药记录 主要内容包括用药目的、用药时间、药物名称、批号、生产厂家、用药方法、用药剂量、用药次数、用药效果、用药开支及鹌鹑的反应等。

(10) 注意药物的批号及有效期　抗生素的保存有一定期限，购买药品时要注意药品包装上标明的批准文号、生产日期、注册商标、有效期等条款，防止伪劣假药和过期失效的药品流入养鹑场。

五、认真执行检疫、隔离和封锁

1. 检疫

通过各种诊断方法对鹌鹑及产品进行疫病检查。通过检疫及时发现病鹑，并采取相应的措施，防止疫病的发生与传播。为保护本场鹌鹑群，应做好以下几点检疫工作。

(1) 定期检疫种鹑　对于患有垂直传播性疫病，如鸡白痢、禽白血病、慢性呼吸道病等呈阳性反应者，不得作为种用。通过定期检疫和净化措施，建立垂直性疾病阴性种鹑群。

(2) 引种时注意检疫　从外地引进鹑苗或种蛋前，必须检查该种鹑场是否有供种资质，了解产地的疫情和饲养管理状况，并对种鹑进行检测。有垂直性疫病的种鹑场的种蛋、种苗不宜引种。若是刚出雏，要监督按规定接种马立克氏病疫苗。

(3) 定期进行免疫抗体检测　养殖场对危害较严重的传染病如新城疫、禽流感、传染性法氏囊炎等要定期抽样采血，进行抗体检测，依据抗体水平，确定最适免疫时机。对免疫后抗体水平达不到要求的，应寻找原因并加以解决，及时调整免疫程序。

(4) 加强饲料监测　不仅需要对饲料成品进行检测，对玉米、小麦、鱼粉、骨粉等原料也需要检测，主要监测黄曲霉菌毒素和进行细菌学检查。一旦发现有害物质超标或污染病原，应少用或不用，或经处理后再用，避免发生中毒或致病。

(5) 加强环境监测　定期或不定期地检测空气、饮用水、水杯、料槽、孵化器等病原菌的种类和数量，检测饮用水中细菌总数和大肠杆菌数是否符合卫生指标。

（6）开展药敏试验　定期或不定期对病鹑进行细菌分离、鉴定，测定病原菌对抗菌药的敏感性，减少无效药物的使用，节约经济开支，提高防治效果。

（7）做好流行病学监测　在当地有计划、有组织地收集流行病学的信息，注意新发生疫病的动向和特点，以便采取有针对性的防疫措施。

2. 隔离

通过各种检疫的方法和手段，将病鹑和健康鹑分开来，分别饲养，目的是为了控制传染源，防止疫情继续扩大，以便将疫情限制在最小的范围内就地扑灭。隔离的方法根据疫情和场内具体条件不同，区别对待，一般可以分为三类。

（1）病鹑　有典型症状、类似症状或经检测为阳性的鹌鹑等是危险的传染源。若是烈性传染病，应根据国家相关规定认真处理。若是一般性疾病，则可进行隔离。病鹑数量较少时，可将有病的剔出隔离；若数量较多，可将病鹑和可疑感染鹑留在原舍，对假定健康的鹌鹑群隔离。

（2）可疑感染鹑　指未发现任何症状，但与病鹑同笼、同舍，或有明显接触，可能有的处于潜伏期的鹌鹑，也要隔离，可做药物防治或紧急防疫。

（3）假定健康鹑　除上述两类鹌鹑外，场内其他鹌鹑均属于假定健康鹌鹑，也要注意隔离，加强消毒，进行紧急防疫。

3. 封锁

当养殖场暴发某些重要的烈性传染病，如高致病性禽流感、新城疫等时，应按规定上报，经政府宣布封锁，对半径3千米内的鹌鹑进行扑杀，扑杀后进行无害化处理，并对环境作彻底消毒。严禁疫区的动物和畜禽产品对外销售，人员、车辆进出需要严格消毒，对5千米以内的家禽实行紧急防疫。

六、切实提高疾病诊断水平

疾病诊断包括临床综合诊断和实验室诊断。

1. 临床综合诊断

（1）流行病学调查　是疾病诊断的基础，涉及内容十分广泛，诸如地理地貌、季节、生态环境、卫生状况、饲养设施、饲养管理、鹌鹑群动态、身体状况、免疫水平、疾病状况（发病群的病情、发病率、死亡率和治疗情况）等。某些传染病的症状虽然相似，但其流行特点和规律不一定相同，有时结合流行病学调查可进行区分。

流行病学调查往往采用座谈的方式向养鹌鹑户了解本次疫情流行的情况，内容包括：最初发病的时间，随后的蔓延情况，发病期间用药的情况，发病鹌鹑的品种、年龄、性别，发病率和死亡率；疫情来源和本场过去是否发生过类似的疫病，附近地区是否曾发生，环境、气候是否发生变化，这次发生前是否从其他地方引进种鹑、畜禽、畜产品、饲料，输出地有无类似疫病存在；疾病传播途径和方式，如当地畜禽调拨及卫生防疫情况等。通过以上情况的了解，不仅可以为诊断提供依据，而且也能为制订防治措施打好基础。

虽然，通过流行病学调查研究可以作出临床诊断，但这种诊断只是初步的诊断，尚未获得本次疾病发生的确切病因，所以不能称为确诊。但在采取应急措施时可作为依据，因为确诊尚需一定时间，不宜等待。

（2）临床症状观察　对个体和群体进行临床观察检查是一种最基本、最常用的疾病诊断方法，主要观察鹌鹑外貌、行为习性、精神状态，检查体温、心跳、呼吸、粪便、可视黏膜、外伤等变化，依据观察检查结果与数据进行分析，可以作出临床诊断。这种诊断同样是初步诊断（印象），但也可以作为采取应急措施的依据。

（3）病理解剖　解剖时需要全面检查尸体，也可根据流行病学、临床初步诊断对特定部位、组织器官作重点检查，一般实践经验丰富者可采取后者以争取时间。剖检病例的数量，应依据疾病发生情况、疾病性质和鹌鹑群组成而定，通常抽样每个发病群不同年龄的鹌鹑、急慢性病例、发病和病死的病例进行剖检。

解剖前须详细观察病鹑的外部变化，如鹌鹑的毛色、营养状况、可视黏膜（眼结膜、鼻瘤等）、爪及肛门周围有无粪便污染等，检查皮肤损伤、出血、瘀血、丘疹，检查翅腿关节、趾爪等形状，并作详细记录，以便病情分析。

以下为解剖后主要观察的组织器官。

①消化系统：首先检查上消化道，观察嘴的外形和硬度，有无损伤；检查口腔、食道和嗉囊黏膜色泽、内容物，是否充血或出血、坏死灶、溃疡灶等。检查胸腹腔有无渗出液，观察渗出液的颜色和数量，是否有内容物、附着物、浆膜出血等。检查肝脏被膜色泽，是否有充血、出血、坏死灶、肿瘤结节和附着物等，切开观察其切面是否外翻。检查脾脏色泽、大小，是否有结节、充血、出血、坏死灶，切面情况等。观察胰腺颜色、大小是否正常，表面有无出血斑点、结节、坏死灶等异常。注意腺胃、肌胃黏膜有无异常，特别是腺胃乳头有无出血、溃疡，胃壁是否增厚肿胀，肌胃检查要剥去角质层后观察有无出血、溃疡等变化；肌胃与腺胃交界处有无出血。注意观察肠系膜及浆膜有无充血、出血、结节，剪开肠管观察其黏膜有无充血、出血、溃疡、坏死等变化，有无寄生虫，肠内容物的性状是否异常，特别要注意泄殖腔的变化。

②呼吸系统：检查自鼻腔至气管黏膜的色泽，有无充血、出血和分泌物等。观察气囊是否透明，有无渗出物。检查肺的弹性、色泽、充血、出血、质地、结节、坏死灶等。

③神经系统：检查脑膜有无充血、出血，脑实质有无充血、

出血、水肿和坏死等病变。检查腿部坐骨神经有无纹路消失、水肿等现象。

④生殖系统：应注意卵巢观察有无肿胀、变形、变色、变硬等，产蛋鹑注意卵黄等形状是否圆滑，卵黄膜的色泽是否正常。公鹑注意睾丸、输精管有无异常。肾脏注意其颜色变化，是否肿胀、充血、出血，有无增生或坏死，输尿管内有无尿酸盐沉积。

⑤免疫系统：检查脾脏有无颜色变化，是否肿胀、充血、出血，有无增生或坏死。检查胸腺有无充血、出血、肿胀、萎缩，检查盲肠扁桃体是否有出血。

⑥其他：检查心脏大小，心包膜、心内外膜和心冠脂肪是否出血；心包液是否清亮，颜色是否正常；心肌的颜色、出血、弹性与致密性等，质地是否正常，有无增生、坏死或肿瘤。

通过流行病学调查、观察临床症状及解剖病死鹌鹑，可以对一般性常见病作出初步诊断，在特殊情况及有条件的情况下可以进一步做实验室检查，以便确诊。

2. 实验室诊断

（1）微生物学诊断　包括病料的采集；病料涂片、镜检；分离培养和鉴定；动物接种试验。

（2）病理组织学诊断　主要制作病理切片，观察组织病变。

（3）血清学诊断　包括凝集反应、中和反应、沉淀反应、补体结合反应、免疫荧光抗体试验、免疫酶技术等。

（4）免疫学诊断　包括血清学试验、变态反应。

（5）分子生物学诊断　包括PCR技术、核酸探针技术、DNA芯片技术等。

七、实行无害化处理

1. 粪便的无害化处理

粪便的危害主要有两个方面：一方面是粪便中含有未被消化

吸收的蛋白质，排出体外 24 小时后会被分解成氨气，是鹑舍最常见和危害较大的气体。氨气无色，具有刺激性臭味，人可感觉的最低浓度为 4 毫克/米^3，易被呼吸道黏膜、眼结膜吸附而产生刺激作用，使结膜产生炎症；吸入气管使呼吸道发生水肿、充血，分泌液充塞气管；氨气可刺激三叉神经末梢，引起呼吸中枢和血管中枢神经反射性兴奋；氨气还可麻痹呼吸道纤毛或损害黏膜上皮组织，使病原微生物易于侵入，从而减弱鹌鹑对疾病的抵抗力；影响食欲，使发病率和死亡率上升，降低生产性能。另一方面是粪便含有许多有害微生物、寄生虫和虫卵，每克粪便中含有大肠杆菌可达 10^6～10^7 个。粪便中常见的病原微生物有大肠杆菌、沙门氏菌，另外一些病毒如新城疫病毒、传染性法氏囊炎病毒都能通过粪便传播，是疾病传播的主要传染源。

可见，及时清理粪便有利于改善鹑舍中空气质量，同时对粪便进行无害化处理，可减少鹑舍中病原微生物和虫卵的数量，降低发病的风险，有利于鹌鹑群的健康。

由于鹌鹑粪量很大，生产上深埋或焚烧方法费用较高，养殖场往往选择堆肥发酵的方法对鹑粪进行无害化处理。

2. 病死鹑无害化处理

病死鹑滋生了大量病原微生物，是疾病传播最常见的重要传染源，对病死鹑严格按照《病害动物和病害动物产品生物安全处理规程》（GB 16548—2006）进行深埋或焚烧等无害化处理。在掩埋病死鹑时，应注意远离住宅、水源、生产区，选择土质干燥、地下水位低的地方，并避开水流、山洪的冲刷，掩埋坑的深度为距离尸体上表面的深度不少于 1.5 米，掩埋前在坑底铺上 2～5 厘米厚的石灰，病死鹑投入后再撒上一层石灰，填土夯实。焚烧尽量选择焚烧炉，不仅卫生环保，而且灭菌（毒）更彻底，但成本相对偏高。

第八章 鹌鹑的疾病防治技术

鹌鹑疾病分为病毒性传染病、细菌性传染病、寄生虫病、中毒病、营养代谢病和普通病 6 个方面。已有报道的鹌鹑病毒性传染病有禽流感、新城疫、马立克氏病、传染性法氏囊炎、传染性支气管炎、传染性喉气管炎、禽白血病、网状内皮组织增殖病、禽脑脊髓炎、禽腺病毒感染、禽痘等。鹌鹑细菌性传染病有禽沙门氏菌病、大肠杆菌病、禽霍乱、溃疡性肠炎（鹌鹑病）、禽曲霉菌病、支原体感染、衣原体感染、葡萄球菌病等。鹌鹑寄生虫病有鹌鹑球虫病、毛滴虫病、组织滴虫病、隐孢子虫病、绦虫病、蛔虫病、外寄生虫病等。鹌鹑中毒病有鹌鹑有机磷农药中毒、药物中毒、黄曲霉毒素中毒、一氧化碳中毒等。营养缺乏与代谢病有维生素 A 缺乏症、维生素 B 缺乏症、维生素 D 缺乏症、维生素 E 缺乏症、钙磷缺乏症、硒缺乏症等。普通病有眼炎、气管炎、嗉囊炎、创伤等。本书介绍 12 种主要的鹌鹑疾病。

一、禽 流 感

禽流感是由 A 型流感病毒引起的家禽和野生禽类的高度接触性传染性疾病。禽流感的表现千差万别，从无临诊症状感染到呼吸道疾病和产蛋率下降，再到死亡率达 100%的急性败血症不等，最严重的病型称为高致病性禽流感。高致病性禽流感是人兽共患病，被世界动物卫生组织列为 A 类传染病，我国将其列为一类动物疫病；低致病性禽流感被列为二类动物疫病。

1878 年禽流感首次暴发于意大利的鸡群，欧洲、美洲、非洲和亚洲的一些国家先后发生此病，至今该病几乎遍及世界各地。1966 从火鸡体内分离到 H9N2 亚型禽流感病毒后，相继从鸡、野鸡、鸭和鹌鹑等人和其他动物体内分离到禽流感病毒。1992 年我国广东鸡群首先报道发生低致病性禽流感，以引起呼吸道症状、产蛋下降为主；2003 年暴发以大面积死亡为主的 H5N1 高致病性禽流感。禽流感目前已经成为严重威胁我国养禽业的疫病，也是对养鹑业危害极其严重的疫病。

【病原】禽流感病毒为 A 型正黏病毒科流感病毒属，对猪、马、禽及人都能致病，包括鹌鹑。该病毒具有血凝活性，能凝集鸡等禽类和哺乳动物的红细胞。禽流感病毒很容易发生基因漂移、转变、重组，导致抗原性变异的频率增加，血清型众多，但多数毒株是低致病性，只有 H5 和 H7 亚型的少数毒株是高致病性的。

病毒存在于病死鹑的各种组织器官和体液等中，常采集肝、脾或脑等组织作为病毒分离鉴定的病料。

禽流感病毒对各种理化因素没有超常的抵抗力，对氯仿等有机溶剂比较敏感；对热敏感，56℃30 分钟、60℃10 分钟、65℃5 分钟或更短的时间均可使之失去感染性；阳光直射下 40～48 小时也可使其灭活；紫外线照射很快将其灭活；氢氧化钠、高锰酸钾、新洁尔灭、过氧乙酸等常用消毒剂皆能迅速使其灭活。但禽流感病毒对湿冷有抵抗力，在－20℃低温、干燥或甘油中可保存数月至 1 年以上，在冷冻肉和骨髓中可存活 10 个月以上，在－196℃低温下可存活 42 个月以上，在干燥的血块中 100 天或粪便中 82～90 天仍可存活，在感染的机体组织中具有长时间的生活力。

【流行病学】禽流感病毒在自然条件下能感染多种禽类，目前至少在 50 种禽类中发现了禽流感病毒或抗体，其中在自然条件下火鸡、鸡、鸭最为易感，鹌鹑也较为易感。哺乳动物一般不易感。本病毒在野禽尤其是野生水禽中感染后，大多数无明显症状，呈隐性感染，从而成为禽流感病毒的天然贮存库。

患禽流感的病禽和病愈带毒禽是本病的主要传染来源，鸭、鹅和野生水禽在本病传播中起重要作用，候鸟也有一定作用。本病可通过消化道、呼吸道、皮肤损伤、眼结膜感染及吸血昆虫等传播，也可经蛋传染。

该病一年四季均可流行，但在冬季和春季多发。

【临床症状】 潜伏期从几个小时到3～5天不等。低致病性禽流感和高致病性禽流感的临床症状有许多不同，差异比较明显。

（1）*低致病性禽流感* 临床症状以传播速度快、发病率高、死亡率低、表现呼吸道症状、产蛋下降为主。病鹑表现精神沉郁，食欲减少，呼吸困难，常发出“怪叫”声，眼肿、流泪，流鼻液，腹泻，可能有短时间发热。产蛋率大幅下降，可达50%以上，甚至停产；蛋品质下降，沙壳蛋、软皮蛋和畸形蛋等增多。

（2）*高致病性禽流感* 临床症状以传播速度快、发病率和死亡率高、肿头、败血症为主。感染高致病性禽流感的病鹑多为急性经过，最急性的病例常突然发病，不出现任何症状，可在感染后10多个小时内死亡。急性者病程为1～2天，最早出现的症状是雏鹑死亡增多，病鹑表现精神高度沉郁，缩颈昏睡，羽毛蓬松无光泽，采食量下降或完全废绝，饮水量也明显减少，头部肿胀、发黑，眼结膜发炎，眼分泌物增多，体温升高，腹泻，粪便黄绿色并带多量的黏液或血液，无明显呼吸道症状，在发病后的5～7天内死亡率几乎达到100%。

【剖检变化】

（1）*低致病性禽流感* 病变主要在呼吸道，尤其是窦的病变，以卡他性、纤维性或脓性炎症为特征。喉气管黏膜水肿、充血并间有出血，气管充血、出血，严重的呈环状出血（彩图8-1），在支气管叉处有黄色干酪样物阻塞，眶下窦肿胀，有浆液性到脓性渗出物；气囊膜混浊，纤维素性腹膜炎；胰腺有斑状灰白色至灰黄色的斑状坏死点（彩图 8-2）；肠道黏膜充血或轻度出血；输卵管黏膜充血、水肿，卵泡充血、出血、变性、坏死（彩图 8-3）；肾脏肿大、充血。

（2）高致病性禽流感　病变表现为内脏器官和皮肤有各种水肿、出血和坏死。病死鹑头部、眼周围和耳水肿，皮下有黄色胶样液体，颈、胸部皮下水肿和充血。胸部肌肉、脂肪和腺胃上有出血斑点，腹部脂肪也有出血斑点。腺胃乳头肿大并有严重的出血点，肌胃角质层下及十二指肠均有明显的出血斑点。肺脏充血、出血，鼻腔、气管、支气管黏膜有充血、出血。肝脏和脾脏肿大，呈暗红色。胰腺水肿并有黄白色坏死，肾脏肿大、出血和坏死。腹膜、肋膜、心包膜、气囊及卵巢充血和出血。心包腔内或腹膜上有纤维素渗出物。输卵管充血、出血，有黏性分泌物。泄殖腔充血、出血、坏死。

【诊断】根据流行病学、临诊症状和剖检变化可以作出初步诊断，对低致病性禽流感可通过实验室确诊。须提示的是，若怀疑是高致病性禽流感，应立即向当地动物防疫监督机构报告，由动物防疫监督机构或省级以上兽医主管部门批准的单位采样，送国家指定的高致病性禽流感参考实验室鉴定诊断，经国务院兽医主管部门或省级人民政府兽医主管部门认定，由国务院兽医主管部门按照国家规定的程序及时准确公布疫情，严禁私自解剖、采集病料和从事病毒分离鉴定，严禁私自发布疫情，一旦违反将追究法律责任。

【防控】禽流感是呈世界性分布的疫病，对该病的防控各个国家都很重视，我国也从多方面采取严格的防范措施，因为该病一旦暴发，造成的经济损失将无法估计，对养殖业可造成毁灭性的打击。

本病预防主要是严格检疫，把好国门关，防止禽流感从国外传入我国。在引进种鹑、种蛋时，不从有本病疫情的养鹑场甚至地区引种，防止传入本病。养鹑场选址时应远离鸡场、水禽场等，养鹑场严禁饲养鸡、鸭、鹅等其他禽类，以免横向交叉感染。养鹑场应有良好隔离措施，注意避免与野鸟、珍禽接触，严格执行卫生消毒防疫制度，采取综合性防疫措施，避免传入本病。

接种疫苗是行之有效的防治方法。国家规定强制接种 H5N1 亚型禽流感油乳剂灭活疫苗或禽流感基因重组苗，能有效预防和控制高致病性禽流感的暴发。H9N2 亚型低致病性禽流感油乳剂灭活疫苗是商业化、自主选择的疫苗，养鹑场可根据本场和当地该疫病的流行情况选择是否接种，若当地流行严重，最好接种，以免被其感染而引起产蛋率大量下降。

免疫程序和方法：雏鹑一般在 5～7 日龄时首免，每只 0.3 毫升；25～30 日龄二免，每只 0.5 毫升；以后每隔 6 个月接种一次，每只 0.5～1 毫升。接种部位一般选在鹌鹑翼窝部，接种方式为皮下注射。

具有清热败毒的中草药或双黄连、黄氏多糖等抗病毒中草药制剂，对低致病性禽流感有一定的预防和早期治疗作用，干扰素、白介素等生物制品也有一定的早期治疗效果。

若发生高致病性禽流感疫情，应按照《重大动物疫情应急条例》和《高致病性禽流感应急预案》要求，执行"早、快、严、小"防控措施，立即严密封锁养鹑场，将疫点半径 3 千米内的所有禽类扑杀，并将所有病死禽、被扑杀禽及其禽类产品、禽类排泄物、被污染饲料、垫料、污水等按《高致病性禽流感无害化处理技术规范》（NY/T 766）进行无害化处理，严格消毒。关闭疫区内禽类产品交易市场，禁止易感染活禽进出和易感染禽类产品运出。对疫区周围半径 5 千米范围内的所有易感禽类实施疫苗紧急免疫接种。

二、新 城 疫

新城疫又称亚洲鸡瘟，是由新城疫病毒引起的一种主要侵害鸡、火鸡、野禽、鹌鹑及观赏鸟类的高度接触传染性、致死性疾病，我国将其列入一类动物疫病。本病是危害鹌鹑的主要疫病之一，鹌鹑常突然发病并迅速蔓延，发病率和病死率高，表现呼吸困难、下痢，伴有神经症状，产蛋严重下降。

【病原】本病的病原为新城疫病毒。本病毒存在于病鹑的组织器官和体液中，在脑、脾、肺含毒量最高，在骨髓中保毒时间最长。

本病毒在低温条件下抵抗力强，4℃可存活1～2年，－20℃时能存活10年以上。该病毒对消毒剂、日光及高温抵抗力不强，经紫外线照射、100℃ 1分钟、55℃ 45分钟或在阳光直射下30分钟可被灭活。一般消毒剂的常用浓度即可很快将其杀灭，常用的消毒药有2%氢氧化钠溶液、3%石炭酸溶液、1%来苏儿、0.1%甲醛溶液等。

【流行病学】新城疫病毒可感染50个鸟目中的27个鸟目240种以上的禽类，鸡、火鸡和野鸡对本病毒非常易感，鹌鹑对本病毒也比较易感。

本病的主要传染源是病鹑和带毒鹌鹑。受感染鹌鹑在症状出现前24小时，其分泌物和排泄物中可发现新城疫病毒。潜伏期的病鹑所生的蛋也含有病毒。本病传播途径主要是呼吸道和消化道，也可经创伤、眼结膜等方式传播。当健康鹑与病鹑或带毒鹌鹑直接接触，或间接摄入被鹌鹑呼吸道或消化道排泄物污染的垫料、饲料或饮水等时，该病即在鹌鹑群中传播开来。昆虫、鼠类、鸽、麻雀等的机械携带，对本病也具有重要的流行病学意义。

不同发病鹌鹑群的发病率、死亡率差异较大，共同特点是流行期较长，鹌鹑群从发病到恢复正常一般要持续30～40天。

该病一年四季均可流行，但以春、秋季多发，往往呈地方流行性。不同年龄、品种和性别的鹌鹑均能感染，但雏鹑的发病率和死亡率明显高于成年鹌鹑。

【临床症状】本病的潜伏期为2～15天，平均5～6天。发病的早晚及临床症状严重程度依病毒的毒力、年龄、免疫状态、感染途径及剂量、并发感染、环境及应激情况而有所不同。

最急性型，发病迅速，一般不表现临床症状，突然死亡。急性型，发病率和死亡率可达90%以上，病初体温升高，精神不振，食欲减少或废绝，但喜饮，倒提时口腔内流出大量黏液，行走迟缓，离群呆立，闭目缩颈，翅尾下垂，脸部呈紫色；呼吸困难，常发出喘鸣声；腹泻严重，排黄白或黄绿色水样粪便，有时含有血液；产蛋鹑产蛋量下降，软壳、白壳蛋增多，病程长的出现腿麻痹、共济失调等神经症状，一般2～3天死亡。慢性型，发病后期多见，神经症状明显，呈兴奋、麻痹及痉挛状态，动作失调，步态不稳，头颈歪斜，时而抽搐，常出现不随意运动；羽翼下垂，体况消瘦，时有腹泻，最后死亡。

最近几年其流行症状呈现非典型症状，表现精神萎靡不振，病情比较缓和，采食量下降，发病率和死亡率都不高，有零星的死亡现象。病鹑张口呼吸，有“呼噜”声，咳嗽，口流黏液，排黄白色稀粪，继而出现歪头（彩图8-4），扭脖或呈仰面观星状等神经症状；产蛋鹑产蛋量突然下降5%～12%，严重者可达50%以上，并出现畸形蛋、软壳蛋和糙皮蛋。其他的如神经症状在慢性病例中也会出现。

【剖检变化】主要表现为全身败血症，以消化道和呼吸道最为严重，全身组织器官呈广泛性充血、出血，最常见病变在腺胃、肌胃和肠道。腺胃乳头出血，挤压有脓性分泌物，严重的形成溃疡，腺胃与肌胃交界处黏膜有出血条带（彩图8-5），肌胃角质膜下黏膜出血（彩图8-6），胃内容物变成墨绿色（彩图8-7）；喉头充血、出血，病死鹑气管黏膜脱落，气管充血、出血，有时有黏性分泌物，肺瘀血；小肠和直肠有弥漫性出血，部分出血水肿，严重的可见肠有坏死性结节，剖开可见溃疡面（彩图8-8）；泄殖腔黏膜出血；脑充血、出血（彩图8-9），脑实质水肿；嗉囊内有酸臭液体；肝、脾、肾肿胀，部分病例肝有出血斑和小的灰白色坏死灶，有的病死鹑可见食管、胰腺和脾脏出血，腹腔内有卵黄液与松软的卵黄滤泡。

非典型新城疫剖检可见气管轻度充血，有少量黏液。鼻腔有卡他性渗出物，气囊混浊。少见腺胃乳头出血等典型病变。

【诊断】当鹌鹑群突然采食量下降，出现呼吸道症状和排绿色稀粪，产蛋鹑的产蛋率明显下降时，应首先考虑到新城疫的可能性。通过对鹌鹑群的仔细观察，发现呼吸道、消化道及神经症状，结合尽可能多的剖检病变，如见到以消化道黏膜出血、坏死和溃疡为特征的示病性病理变化，可初步诊断为新城疫。确诊要进行病毒分离和鉴定；也可通过血清学诊断来判定，例如病毒中和试验、ELISA 试验、免疫荧光、琼脂双扩散试验、神经氨酸酶抑制试验等，但血凝抑制试验仍不失为一种快速准确的实验室方法。

【防控】新城疫的预防工作是一项综合性工程，饲养管理、防疫、消毒、免疫及监测五个环节缺一不可，不能单纯依赖疫苗来控制疾病。

加强饲养管理工作和清洁卫生，注意饲料营养，减少应激，提高鹌鹑群的整体健康水平；特别要强调全进全出和封闭式饲养制，提倡育雏、育成、成年鹌鹑分场饲养方式；严格防疫消毒制度，杜绝强毒污染和入侵。

定期做好疫苗接种，目前生产中多采用鸡的新城疫疫苗，结合当地疫情，建立科学、合理的免疫程序很有必要。①肉鹑推荐的免疫程序（仅供参考）：7 日龄使用鸡新城疫Ⅳ系弱毒苗滴鼻、点眼，24～26 日龄鸡新城疫Ⅳ系弱毒苗喷雾或滴口；或 7 日龄鸡新城疫Ⅳ系弱毒苗点眼＋鸡新城疫油乳剂灭活疫苗每羽 0.3 毫升皮下注射，15 日龄鸡新城疫Ⅳ系弱毒苗点眼、喷雾、滴口。②产蛋鹑和种鹑推荐的免疫程序（仅供参考）：7 日龄鸡新城疫Ⅳ系弱毒苗滴鼻、点眼＋鸡新城疫油乳剂灭活疫苗每羽 0.3 毫升皮下注射，28 日龄鸡新城疫 La Sota 喷雾免疫或 2 倍量滴口，开产前 7～10 天鸡新城疫 La Sota 2 倍量滴口＋鸡新城疫油乳剂灭活疫苗每羽 0.3 毫升皮下注射。开产后每 6～9 个月鸡新城疫 La Sota 2 倍量滴口＋鸡新城疫油乳剂灭活疫苗每羽 0.3 毫升皮下注射。

一旦发生本病，应及时淘汰发病鹑，对病死鹑进行无害化处理，防止疫情扩大。加强对鹑舍的消毒和带鹑消毒，并做好隔离工作。对没有出现症状的鹌鹑可紧急注射鸡新城疫灭活苗，每羽皮下注射 0.3 毫升，必要时可鸡新城疫 La Sota 饮水＋鸡新城疫油乳剂灭活疫苗皮下注射；同时饲料中增加速补多维，并在饲料或饮水中添加强力霉素、环丙沙星等广谱抗菌药物和一些抗病毒的药物（如抗病毒中药制剂及干扰素等)，效果会更好。

三、传染性法氏囊炎

传染性法氏囊炎又称甘布啰病，是由传染性法氏囊炎病毒引起的一种高度接触性免疫抑制性传染病，主要发生于鸡，鹌鹑也可感染发病。本病传播快，流行广，发病突然，水样腹泻，胸肌和腿肌呈条片状出血。

【病原】传染性法氏囊炎病毒抵抗力很强，耐热，耐阳光、紫外线照射，56℃加热 5 小时仍存活，60℃可存活半小时；耐酸不耐碱，pH2.0 经 1 小时不被灭活，pH12 则受抑制。病毒对乙醚和氯仿不敏感；在污染的粪便、饲料、饮水中可存活 52 天，在病鹑舍内可存活 100 天以上。70℃可迅速灭活本病毒，3％煤酚皂溶液、0.2％过氧乙酸、2％次氯酸钠、5％漂白粉、3％石炭酸、3％福尔马林、0.1％升汞溶液可在 30 分钟内灭活本病毒。

【流行病学】本病主要发生于雏鸡和火鸡，鹌鹑、鸭、孔雀、乌骨鸡也易感。不同品种的鹌鹑均有易感性，3～5 周龄鹌鹑最易感，4～6 月份为流行高峰季节。

病鹑是主要传染源。鹌鹑可通过直接接触和污染了传染性法氏囊炎病毒的饲料、饮水、垫料、尘埃、用具、车辆、人员、衣物、老鼠和昆虫等间接传播，经眼结膜也可传播。本病毒不仅可通过消化道和呼吸道感染，还可通过污染了病毒的蛋壳传播，但无证据表明经卵垂直传播。我国不少地区鸡群存在超强毒力的毒株，部分疫苗中也存在超强毒株，须引起养鹑工作者的重视。

本病发病率高（可达100%），而死亡率不高，一般为5%左右，也可达20%～30%，卫生条件差而伴发其他疾病时死亡率可升至40%以上，雏鹑甚至可达80%以上。

本病的另一流行病学特点是发生本病的养鹑场常常出现新城疫、马立克氏病等疫苗免疫接种失败现象，这种免疫抑制现象常使发病率和死亡率急剧上升。

【临床症状】本病潜伏期为2～3天，易感鹌鹑群感染后发病突然，病程一般为1周左右，典型发病鹌鹑群的死亡曲线呈尖峰式。发病鹌鹑群的早期症状之一是有些病鹑出现啄自己肛门的现象，随之腹泻，排出白色黏稠或水样稀便。随着病程的发展，病鹑食欲逐渐消失，颈和全身震颤，步态不稳，羽毛蓬松，精神委顿，卧地不动，体温常升高，泄殖腔周围的羽毛被粪便污染。此时病鹑脱水严重，趾爪干燥，眼窝凹陷，最后衰竭死亡。急性病鹑可在出现症状1～2天后死亡，3～5天达死亡高峰，以后逐渐减少。在初次发病的养鹑场多呈显性感染，症状典型，死亡率高。以后发病多转入亚临诊型，死亡率低，但其造成的免疫抑制严重。

【剖检变化】病死鹑肌肉色泽发暗，胸部肌肉和大腿内外侧常见条纹状或斑块状出血（彩图8-10、彩图8-11）。腺胃和肌胃交界处常见出血点或出血斑。法氏囊病变具有特征性，水肿，比正常大2～3倍，囊壁增厚，外形变圆，呈土黄色，外包裹有胶冻样透明渗出物（彩图8-12）。黏膜皱褶上有出血点或出血斑，内有炎性分泌物或黄色干酪样物。随病程延长，法氏囊萎缩变小，囊壁变薄，第 8 天后仅为其原重量的 1/3 左右。一些严重病例可见法氏囊严重出血，呈紫黑色如紫葡萄状（彩图 8-13）。肾脏肿大，常见尿酸盐沉积，输尿管有多量尿酸盐而扩张。盲肠扁桃体多肿大、出血。

【诊断】 本病根据其流行病学、病理变化和临诊症状可作出初步诊断，确诊须进行实验室检查。

【防控】 本病的预防需实行科学的饲养管理和严格的卫生措施，采用全进全出饲养方式，保证鹑舍通风良好，温度、湿度适宜，消除各种应激条件，提高鹌鹑免疫应答能力。对 60 日龄内的雏鹑最好实行隔离封闭饲养，杜绝传染来源。

疫苗免疫接种是比较有效的预防办法。目前使用的疫苗主要有灭活苗和活苗两类，免疫程序的制订可根据琼脂扩散试验对鹌鹑群的母源抗体、免疫后抗体水平进行监测，以便选择合适的免疫时间。用标准抗原进行 AGP 测定母源抗体水平，若 1 日龄阳性率＜80％，可在 10～15 日龄首免；若阳性率≥80％，可在 14～20 日龄首免传染性法氏囊炎冻干苗。4～5 周龄加强免疫一次，18～20 周龄和 45 周龄时各注射传染性法氏囊炎油佐剂灭活苗一次，一般可保持较高的母源抗体水平。

一旦发病，应严格封锁病鹑舍，每天上下午各进行一次带鹑消毒，对环境、人员、工具也应进行消毒。病雏早期用高免血清或卵黄抗体治疗可获得较好疗效，每羽皮下或肌内注射 0.5～1.0 毫升。在饮水中添加入电解质多维，可有利于康复。

四、马立克氏病

马立克氏病是由疱疹病毒引起的一种淋巴组织增生性疾病。鸡是最主要的自然宿主，鹌鹑也会自然感染。本病神经型表现腿、翅麻痹，内脏型可见各种脏器、性腺、虹膜、肌肉和皮肤等部位形成肿瘤。

【病原】马立克氏病病毒属于细胞结合性疱疹病毒B群，病毒有裸体粒子（核衣壳）和有囊膜的完整病毒粒子两种存在形式。核衣壳通常存在于细胞核中，偶见于细胞浆或细胞外液中，有严格的细胞结合性，离开细胞致病性将显著下降直至丧失。在外界环境中生存活力很低，主要见于肾小管、法氏囊、神经组织和肿瘤组织中。具有囊膜的病毒子主要存在于细胞核膜附近或者核空泡中，非细胞结合性，可脱离细胞而存在，对外界环境抵抗力强，主要见于羽毛囊角化层中，多数是有囊膜的完整病毒粒子，在本病的传播方面起重要作用。

【流行病学】本病主要通过直接或间接接触经空气传播，吸入有传染性的皮屑、尘埃和羽毛可引起鹌鹑群的严重感染，被病毒污染的工作人员衣服、鞋靴及笼具、车辆都可成为本病的传播媒介。雏鹑对本病十分易感，但一般要在10周后才表现症状或死亡。日本鹌鹑易感性最大，母鹑的易感性大于公鹑。

【临床症状】根据临床症状和病变发生的主要部位，可将本病分为神经型（古典型）、内脏型（急性型）、眼型和皮肤型四种类型，有时可以混合发生。

（1）神经型　主要侵害外周神经，侵害坐骨神经最为常见。病鹑步态不稳，发生不完全麻痹，后期则完全麻痹，不能站立，蹲伏在地上，或一腿伸向前方另一腿伸向后方，呈劈叉特征性姿态；臂神经受侵害时，被侵的侧翅膀下垂；当侵害支配颈部肌肉的神经时，病鹑发生头下垂或头颈歪斜；当迷走神经受侵时，可引起失声、嗉囊扩张及呼吸困难；腹神经受侵时，常有腹泻症状。

（2）内脏型　多呈急性暴发，常见于产蛋鹑，开始以大批鹌鹑精神委顿为主要特征，几天后部分病鹑出现共济失调，随后出现单侧或双侧肢体麻痹。部分病鹑死前无特征性临床症状，很多病鹑表现脱水、消瘦和昏迷。

（3）眼型　出现于单眼或双眼，视力减退或消失，虹膜失去正常色素，呈同心环状或斑点状以至弥漫的灰白色，瞳孔边缘不整齐，到严重阶段瞳孔只剩下一个针头大的小孔。

（4）*皮肤型* 一般无明显的临诊症状，往往在宰后拔毛时发现羽毛囊增大，形成淡白色小结节或瘤状物，多在腿部、颈部及躯干背面生长粗大羽毛的部位。

【剖检变化】病鹑最常见的病变表现在外周神经、坐骨神经丛等受害神经增粗，呈黄白色或灰白色，横纹消失，有时呈水肿样外观；病变往往只侵害单侧神经，诊断时多与另一侧神经比较。内脏器官中以卵巢的受害最为常见（彩图 8-14），其次为肝（彩图 8-15）、肾（彩图 8-16）、脾、心、肺、胰、肠系膜、腺胃、肠道和肌肉等，在上述组织中长出大小不等的肿瘤块，呈灰白色，质地坚硬而致密。有时肿瘤组织在受害器官中呈弥漫性增生，整个组织器官变得很大。

【诊断】本病根据其流行病学、临床症状和病理变化可作出初步诊断，确诊需要进行实验室检查。

【防控】预防本病主要通过加强饲养管理和卫生管理，坚持自繁自养，执行全进全出的饲养制度，避免不同日龄鹌鹑混养；实行网上饲养和笼养，减少鹌鹑与羽毛粪便接触；严格卫生消毒制度，尤其是对种蛋、出雏器和孵化室的消毒，常选用熏蒸消毒法；消除各种应激因素，注意对传染性法氏囊炎、白血病等的预防；加强检疫，及时淘汰病鹑和阳性鹌鹑。

疫苗接种是防控本病的关键，在进行疫苗接种的同时，鹌鹑群要封闭饲养，尤其是育雏期间应搞好封闭隔离，可减少本病的发病率。疫苗接种应在 1 日龄进行，可选用火鸡疱疹病毒冻干苗（HVT）、CVI 988 和马立克氏病弱毒二价液氮苗；在存在超强毒的养鹑场，应该使用马立克氏病弱毒二价液氮疫苗或 CVI 988。

五、鹌鹑支气管炎

鹌鹑支气管炎是由禽腺病毒引起鹌鹑的一种自然发生的急

性、高度传染性、致死性呼吸道疾病。本病发病快、发病率和死亡率高。

【病原】鹌鹑支气管炎病毒与鸡胚致死孤儿病毒是同一病毒，在分类学上属禽腺病毒，与鸡传染性支气管炎的病原冠状病毒完全不同。

禽腺病毒分3个血清群，其中Ⅰ群禽腺病毒有一种共同的群抗原，鸡、鸭、鹅和鸽等均已分离获得Ⅰ群腺病毒，鹌鹑支气管炎病毒是禽腺病毒Ⅰ群血清Ⅰ型的代表株；Ⅱ群禽腺病毒包括火鸡出血性肠炎病毒、雉鸡大理石脾病病毒和鸡大脾病病毒，这些病毒具有可与Ⅰ群相区别的群特异抗原；Ⅲ群禽腺病毒包括与鸡产蛋下降有关联的产蛋下降综合征病毒和鸭子上分离获得的类似病毒，具有与Ⅰ群部分相同的抗原。

在自然界，禽腺病毒的抵抗力较强，对酸和热的抵抗力较强，它能抗酸而通过腺胃仍保持活性，在室温下可保持活性达6个月之久，在4℃可存活70天，在50℃ 10～20分钟、56℃ 2.5～5分钟死亡。由于没有脂质囊膜，对氯仿、乙醚等脂溶剂有抵抗力。

【流行病学】本病首次于1950年在美国被发现，呈世界性分布。北美鹑、日本鹑及其他一些家养鹌鹑可经自然传播而感染，鸡和火鸡可隐性感染。本病为高度传染性，在易感群中发病率和死亡率呈暴发性，大多数症状见于6周龄以内的鹌鹑。本病主要经呼吸道传染，病毒从呼吸道排毒，通过空气的飞沫传给易感鹑。也可通过被污染的饲料、饮水及饲养用具经消化道感染。本病一年四季均能发生，但以冬春季节多发。鹌鹑拥挤、过热、过冷、通风不良、温度过低、缺乏维生素和矿物质，以及饲料供应不足或配合不当，均可促使本病的发生。

【临床症状】潜伏期1～7天，3周龄以内的鹌鹑最严重，较轻的一般无症状。

本病在鹑中突然发病，出现呼吸道症状，并迅速波及全群，死亡率突然升高。病鹑减食、羽毛竖起、蜷缩扎堆、翅膀下垂，出现伸颈、张口呼吸、咳嗽、打喷嚏，呼吸有气管啰音或“咕噜”音，有的出现鼻窦肿胀、流黏性鼻液、流泪等症状。

【剖检变化】呼吸型主要病变在呼吸道，气管、支气管中有大量黏液（彩图 8-17），气管充血或呈环样出血（彩图 8-18）；肺炎，气囊混浊，结膜炎，鼻窦或眶上窦充血。有时可见肝脏有针尖样的白色坏死灶。脾脏轻度肿大和有多灶性结节。法氏囊黏膜充血、出血，囊腔内积有黄色胶冻状物。

【诊断】在雏鹑中突然发生呼吸啰音、咳嗽或打喷嚏，在群间迅速传播并导致死亡，可怀疑为鹑支气管炎，结合剖检变化可作出初步诊断，进一步确诊则有赖于病毒分离鉴定及其他实验室方法。

【防控】做好养鹑场的隔离、封锁工作，防止感染源进入饲养场。加强饲养管理，降低饲养密度，避免鹑群拥挤，注意温度、湿度变化，避免过冷、过热。加强通风，防止有害气体刺激呼吸道。合理配比饲料，防止维生素，尤其是维生素 A 的缺乏，以增强机体的抵抗力。

疫苗免疫接种是控制本病的有效方法。据国外研究报道，鸡产蛋下降综合征油乳剂灭活疫苗对鹑支气管炎有一定的交叉保护作用。

发生鹑支气管炎后，应及时采取抗病毒、补充电解质、控制饮食等综合性治疗措施，同时治疗并发性疾病，一般治疗效果比较好，治愈后不易复发。

六、禽沙门氏菌病

禽沙门氏菌病是由沙门氏菌属中的任何一个或多个成员所引起禽类的一大群急性或慢性疾病，包含鸡白痢、禽伤寒和禽副伤寒。诱发禽副伤寒的沙门氏菌能广泛地感染各种动物（包括人类)，人类沙门氏菌感染和食物中毒也常常来源于感染副伤寒的禽肉、蛋品等，因此本病在公共卫生上非常重要。鹌鹑沙门氏菌病表现为败血症和肠炎，包括鸡白痢和副伤寒等。因沙门氏菌遍布于外界环境中，所以本病是困扰养鹑业发展的严重疾病之一。

【病原】沙门氏菌属包括2 100多个血清型，但经常危害人、畜、禽的沙门氏菌仅10多个血清型。鸡白痢沙门氏菌和鸡沙门氏菌分别为鸡白痢、禽伤寒的病原，无运动性，对养禽业危害巨大；副伤寒沙门氏菌是禽副伤寒的病原，能运动，能感染人类。

本菌抵抗力较差，60℃10分钟内即被杀死，0.1%石炭酸、0.01%升汞、1%高锰酸钾都能在3分钟内将其杀死，2%福尔马林可在1分钟内将其杀死。

【流行病学】各品种的鹌鹑对本病均有易感性。鸡白痢多发生于雏鹑，以2～3周龄以内雏鹑的发病率与病死率最高，呈流行性。禽伤寒多发生于仔鹑和成年鹌鹑。禽副伤寒常在孵化后2周之内感染发病，6～10天达最高峰，呈地方流行性，病死率不等，严重者高达80%以上；1月龄以上的鹌鹑有较强的抵抗力，一般不引起死亡；成年鹌鹑往往不表现临床症状。

本病主要通过消化道和眼结膜而传播感染，也可经蛋垂直传播给下一代。本病一般呈散发性，较少呈全群暴发。

【临床症状】鸡白痢的特征为雏鹑感染后常呈急性败血症。发病雏鹑为最急性者，常无症状而迅速死亡。稍缓者表现精神委顿，绒毛松乱，两翼下垂，缩头颈，闭眼昏睡，不愿走动，拥挤在一起；病初食欲减少，而后停食，多数出现软嗉症状；同时腹泻，排白色稀粪（彩图8-19），肛门周围绒毛被粪便污染，有的因粪便干结封住肛门周围，影响排粪；由于肛门周围炎症引起疼痛，故常发生尖锐的叫声，最后因呼吸困难及心力衰竭而死。成年鹌鹑感染鸡白痢后，多呈慢性或隐性带菌，可随粪便排出，因卵巢带菌，严重影响孵化率和雏鹑成活率。

日龄较大的鹌鹑往往发生副伤寒和伤寒，主要发生于饲养管理条件较差的鹑场，最初表现为饲料消耗量突然下降、水泻样下痢、精神萎靡、羽毛松乱、两翅下垂、头部苍白、缩颈呆立等症状。感染后的 2～3 天内，体温上升 1～3℃，并一直持续到死前的数小时。感染后 4 天内出现死亡，但通常是死于 5～10 天之内。

【剖检变化】

（1）鸡白痢　最急性死亡的雏鹑，病变不明显。病程长者，肝肿大，充血或有条纹状出血，内有针尖样灰白色坏死点（彩图 8-20）；出血性肺炎，其他脏器充血；卵黄吸收不良，其内容物色黄如油脂状或干酪样。有些病例在心肌、肺、肝、盲肠、大肠及肌胃肌肉中有坏死灶或结节；心外膜炎；胆囊肿大；脾有时肿大；肾充血或贫血；输尿管充满尿酸盐而扩张；盲肠中有干酪样物堵塞肠腔，有时还混有血液；肠壁增厚；常有腹膜炎。

（2）禽伤寒　最急性病例，眼观病变轻微或不明显。病程稍长的常见有肾、脾和肝充血肿大。在亚急性及慢性病例，特征病变是肝肿大呈青铜色，此外，心肌和肝有灰白色粟粒状坏死灶、心包炎。公鹑睾丸可存在病灶，并能分离到禽伤寒沙门氏菌。

（3）禽副伤寒　病例可见肝、脾、肾充血肿胀，出血性或坏死性肠炎，心包炎及腹膜炎。在产蛋鹑中，可见输卵管坏死和增生，卵巢坏死及化脓，这种病变常扩展为全面腹膜炎。慢性病例常无明显的病变。

【诊断】按照流行病学、临床症状、剖检变化，并根据养鹑场过去的发病史，可以作出初步诊断。确诊必须进行病原的分离和鉴定，采用鸡白痢玻板凝集试验等血清学方法也可确诊鸡白痢、禽伤寒。

【防控】通过检疫和净化措施，培育沙门氏菌阴性种鹑群是预防本病的关键。做好孵化、育雏期间卫生消毒措施，加强饲养管理，最大限度地减少外源沙门氏菌的传入，如严格执行兽医防疫管理制度，做好防鸟、防鼠、除猫、除虫等工作。

土霉素、恩诺沙星等常见药物对禽沙门氏菌病有较好的治疗效果，但需注意避免长时间使用一种药物，可经常更换抗菌药，以免产生耐药性。通过药敏试验筛选敏感药物治疗效果更有保障。

七、鹌鹑大肠杆菌病

鹌鹑大肠杆菌病是由大肠杆菌的某些致病性血清型菌株引起的疾病总称，是鹌鹑常见的细菌病，包括急性败血症、脐炎、气囊炎、肝周炎、肉芽肿、肠炎、卵黄性腹膜炎、输卵管炎、脑炎等，分别发生于鹌鹑孵化期至产蛋期。本病的特征是引起心包炎、气囊炎、肺炎、肝周炎和败血症等病变。由于大肠杆菌广泛存在和分布，并随着规模化养鹑业的发展和饲养密度的增加，本病的流行也日趋增多，给养鹑业造成了较大的经济损失。

【病原】大肠杆菌革兰氏染色呈阴性，有鞭毛，无芽孢，有的菌株可形成荚膜，需氧或兼性厌氧，易于在普通培养上增殖，在麦康凯培养基上可见粉红色的菌落，在伊红美蓝琼脂平板上生成带有黑色金属光泽的菌落。

本菌对外界环境因素的抵抗力属中等，对物理和化学因素较敏感，55℃1小时或60℃20分钟可被杀死，120℃高压消毒立即死亡。本菌对石炭酸、升汞、甲酚和福尔马林等高度敏感。常见消毒药均能将其杀灭，甲醛和烧碱杀菌效果更好，5%石炭酸、甲醛等作用5分钟即可将其杀死，但有黏液、分泌物及排泄物的存在会降低这些消毒剂的效果。在鹑舍内，大肠杆菌在水、粪便和灰尘中可存活数周或数月之久，在阴暗潮湿而温暖的外界环境中存活不超过1个月，在寒冷、干燥的环境中存活较长。

【流行病学】大肠杆菌在自然环境、饲料、饮水、鹑舍、鹌鹑本身等均有存在。大肠杆菌是鹌鹑肠道内的常在菌，正常鹌鹑体内有10%～15%大肠杆菌属潜在的致病性血清型；垫料和粪便中可发现大肠杆菌；每克灰尘中大肠杆菌含量可达 10^6 个；该菌可长期存活，尤其在干燥条件下存活时间更长，用水喷雾后可使细菌量减少 84%～97%；饲料也常被致病性大肠杆菌污染，但在饲料加热制粒过程中可将其杀死；啮齿动物的粪便中也常含有致病性大肠杆菌；通过污染的井水或河水也可将致病性大肠杆菌引入鹌鹑群。

本病主要通过呼吸道感染，也可通过消化道传播，还可通过蛋传播给下一代。临床常见发病率为 5%～30%，发病率因日龄和饲养管理条件不同而异，环境差、日龄小时发病率较高。

大肠杆菌是条件性致病菌，潮湿、阴暗、通风不良、积粪多、拥挤以及感染新城疫、慢性呼吸道病等疾病，均可促进本病的发生。本病的发生没有季节性，一年四季均可发生，但在潮湿、阴暗的环境中易发。各种年龄的鹌鹑均可发生。

【临床症状】本病的潜伏期为数小时至 3 天。由致病性大肠杆菌引起的疾病在临床上表现极其多样化，有急性败血型、卵黄性腹膜炎、输卵管炎、肉芽肿、脑炎、眼炎等临床类型，下面主要介绍常见的急性败血型和卵黄性腹膜炎两种类型。

（1）急性败血型　是临床最常见，也是目前危害最大的一个型。通常所说的鹑大肠杆菌病指的就是这个型，见于各种日龄的鹌鹑，但以雏鹑多发。最急性的病鹑不表现临床症状而突然死亡，或症状不明显。随着病程的发展，病鹑出现精神沉郁，离群呆立，羽毛松乱，有时两翅下垂，食欲减退或废绝，体温升高，呼吸困难，张口呼吸，气喘，有湿性啰音，早晚常有咳嗽声，鼻瘤暗紫；排黄色或黄绿色稀粪，粪便恶臭，肛门周围羽毛被粪便沾污；严重的伏地不起，腹式呼吸，最后因衰竭而死亡，死亡的鹌鹑会比较消瘦。

（2）卵黄性腹膜炎型　俗称“蛋子瘟”，主要发生在笼养产蛋鹑。病鹑的输卵管常因感染大肠杆菌而产生炎症，炎症产物使输卵管伞部粘连，漏斗部的喇叭口在排卵时不能打开，卵泡因此不能进入输卵管而落入腹腔，引起本病。广泛的腹膜炎产生大量毒素，可引起发病母鹑死亡。临床上严重病鹑外观腹部膨胀、重坠，肛门周围羽毛沾有蛋白或蛋黄状物。

【剖检变化】剖检的病理变化因不同病型而异。

(1) *急性败血型*　主要病变包括心包炎、肝周炎、气囊炎、浆膜炎等，俗称“三周炎”。病理变化的共同特点是纤维素性渗出物增多，附着于浆膜表面，严重的常与周围器官粘连，剖检可见气管和支气管内常有少量黏稠液体；心包混浊、心包积液和纤维素性心包炎（彩图 8-21）；气囊炎（彩图 8-22），气囊混浊、不透明，但往往可见腹膜炎，有炎性渗出物；肺脏病变明显，根据病程的发展出现不同的病变，有轻微肺炎、单个肉芽肿结节性肺炎和成片性肉芽肿结节性肺炎（彩图 8-23）；肝周炎（彩图 8-24），肝肿大，可达正常肝的 2～5 倍，质碎，有时可见出血点或出血斑，内有大小不等的白色坏死灶；肠充盈、肿胀，为正常肠管的 2～4 倍，肠道变薄，肠黏膜充血、出血且易脱落，脱落形成肠栓；肾脏有时肿大，并有出血点、坏死灶。少数病例腹腔有积液和血凝块。

(2) *卵黄性腹膜炎型*　剖检可见腹腔内积有卵黄状物，卵泡充血、出血、变性、坏死、破裂（彩图 8-25），有特殊腥臭味。

【诊断】通过实验室病原检验方法，排除其他病原感染（病毒、细菌、支原体等），经鉴定为致病性血清型大肠杆菌，方可认为是原发性大肠杆菌病；在其他原发性疾病中分离出大肠杆菌时，应视为继发性大肠杆菌病。

【防控】大肠杆菌病的发生具有一定的条件性，病原可能是外来的致病型大肠杆菌，也可能是体内正常情况下存在的大肠杆菌，当环境改变或发生应激时会引起发病。因此，加强饲养管理，保持鹑舍卫生清洁，做好消毒工作，合理通风，保持合理的饲养密度，供应优质饲料和合格的饮用水，采取措施减少与降低浮尘，及时更换产蛋巢窝，可有效预防大肠杆菌病。

使用微生态制剂和进行疫苗免疫是防治大肠杆菌病比较有效的方法，微生态制剂预防效果好于治疗效果，在生产中应长时间连续饲喂，并且越早越好；它是活菌产品，不应与抗生素同时使用，并注意其运输和保管。发病严重的鹑场或种鹑场可选择接种疫苗来预防，一般需要进行2～3次鸡大肠杆菌病油乳剂灭活苗免疫，第1次为4周龄，第2次为18周龄。

大肠杆菌对多种抗生素敏感，但也容易出现耐药性，所以在防治中经常变换药物或联合使用2种以上药物效果更好，有条件的养鹑场尽量做药敏试验，在此基础上选用敏感药物进行治疗，且应注意交替用药，按疗效投药，这样才能收到较好的治疗效果。无条件进行药敏试验的养鹑场，在治疗时一般可选用下列药物：强力霉素按每千克饲料加100毫克，氟哌酸、环丙沙星按每千克饲料加50～100毫克，氟苯尼考按每千克饲料加50～100毫克，连喂4～5天。个别病鹑可按每千克体重肌内注射庆大霉素0.5万～1万单位，或卡那霉素30～40毫克。在饲料中定期添加0.5%大蒜素的预防和治疗效果也比较好。

八、禽巴氏杆菌病

禽巴氏杆菌病是一种侵害家禽和野禽的接触性疾病，又名禽霍乱。本病常呈现败血性症状，发病率和死亡率很高，但也常出现慢性或良性经过。

【病原】禽多杀性巴氏杆菌革兰氏染色呈阴性，不形成芽孢，也无运动性，用瑞氏、姬姆萨氏法或美蓝染色镜检，呈两极杆菌。

本菌对理化因子的抵抗力较弱，极易被常用消毒剂、日光、干燥条件和高温灭活，如56℃15分钟、70℃10分钟即可杀死该菌；日光对本菌有强烈的杀菌作用，薄菌层暴露阳光10分钟即被杀死；常用消毒药如5%石炭酸、1%漂白粉、5%～10%石灰水等作用1分钟均可杀死该菌。但在血液、分泌物、排泄物及土壤中该菌能存活1周以上，在尸体内则可存活3个月。

【流行病学】禽霍乱一年四季均可发生，但以阴雨潮湿、高温季节或秋后多发，常呈散发或呈地方性流行。不同日龄的鹌鹑均可发病，且多见于成年鹌鹑，其发病率和死亡率均较高，危害较大。鸡、鸭、鹅、鸽等家禽及野禽都可感染，而且相互之间可以传播，所以给防治工作带来不少困难。

主要传染源是带菌鹑及病鹑，被该菌污染的环境、饲料、饮水、用具等都可成为传染媒介。该病主要通过鹌鹑的消化道、呼吸道或伤口引起感染，而且病原菌传播速度比较快，一旦鹌鹑群出现最急性禽霍乱死亡病例，如果饲养管理和卫生条件差，往往在1～2天内即可能引起全群发病直至暴发流行。

【临床症状】禽霍乱在临床表现上主要为最急性型、急性型和慢性型三种类型。

（1）最急性型　常见于流行初期，以产蛋高的鹌鹑最常见。病鹑无前驱症状，晚间一切正常，吃得很饱，次日发病死于鹑舍内。

（2）急性型　在生产上最常见。病鹑精神不振，两翅下垂，缩头蹲伏，不愿活动，行动迟缓；食欲减退甚至废绝，而饮水增加；体温可升高到43～44℃；呼吸困难，口、鼻分泌物增加，病鹑总是试图甩掉积在咽喉部的黏液，不断地摇头，所以又称为“摇头瘟”；排灰白或铜绿色恶臭稀粪，并可能混有血液。发病鹑一般在2～3天内死亡，很少能康复。

（3）慢性型　多见于流行的后期，往往由急性型转变而来，但近年来也有少部分病例从一开始就表现为慢性型。病鹑贫血，消瘦，呼吸困难，鼻流黏液，持续性腹泻，关节肿大，行走不便，消瘦，病程可达数周甚至几个月。

【剖检变化】禽霍乱的剖检典型特征性病变主要有心冠脂肪

泼水样出血、十二指肠弥漫性出血、肝脏有针尖样大小白色坏死灶3处。

（1）最急性型　无特殊病变，有时只见心外膜有少许出血点。

（2）急性型　可见皮下、腹部脂肪点状出血；心外膜、心冠脂肪严重出血（彩图8-26），心包液增多、呈淡黄色；肝脏肿大，质脆，呈古铜色，表面有许多针尖样大小的白色坏死点（彩图8-27）；十二指肠呈出血性或急性卡他性炎症；肺脏充血，出血，有时肉变。另外，也可能出现肠道弥漫性出血，呼吸道黏膜出血，肺气肿，气囊炎等。

（3）慢性型　一般表现为局部病变。心包炎；肝周炎，肝有灰白色坏死灶；气囊炎，气囊混浊、有炎性分泌物；关节炎，关节肿胀，关节腔内有暗红色混浊黏稠液或干酪样物质；产蛋鹑可见卵黄性腹膜炎。

【诊断】根据病鹑流行病学、临床症状、剖检特征可以作出初步诊断。确诊须通过实验室方法，取病鹑血涂片，肝脾触片经美兰、瑞氏或姬姆萨染色，如见到大量两极浓染的短小杆菌，有助于诊断。进一步的诊断须经细菌的分离培养及生化反应，也可以应用一些快速血清学方法诊断。

【防控】加强鹌鹑群的饲养管理，平时严格执行养鹑场兽医卫生防疫措施，采取全进全出的饲养制度。在该病常发地区的养鹑场，可选择使用禽霍乱弱毒菌苗和灭活菌苗对鹌鹑群进行免疫接种。预防禽霍乱的发生，首次免疫为4周龄，18周龄进行第2次免疫。

发病应立即采取治疗措施，有条件的地方应通过药敏试验选择有效药物全群给药。磺胺类药物、氟苯尼考、红霉素、庆大霉素、环丙沙星、恩诺沙星对本病均有较好的疗效。在治疗过程中，剂量要足，疗程要合理，当鹌鹑死亡明显减少后，再继续投药2～3天，以巩固疗效，防止复发。

九、鹌鹑溃疡性肠炎

鹌鹑溃疡性肠炎又名鹌鹑病，最早发现于鹌鹑，是由肠道梭菌引起多种幼禽的一种高度致死性传染病，呈地方性流行。病鹑以肝、脾坏死，肠道出血、溃疡为主要特征。

【病原】梭状芽孢杆菌革兰氏染色呈阳性，两端钝圆，呈杆状。菌体有鞭毛，能运动，单个散在。本菌抵抗力很强，尤其耐热，并能形成芽孢，一般消毒药不易将其消灭。

【流行病学】自然条件下鹌鹑易感性最高，鸡、火鸡、鸽等均可自然感染发病，以多种幼禽多发，鹌鹑常发于4～12周龄。病鹑和带菌鹑为其传染源，污染的饲料、饮水和垫料被鹌鹑采食后，通过消化道感染。苍蝇也可传播本病。本病可单独发生，但多与球虫病并发或球虫病后继发，在饲养管理不良、条件恶劣的情况下，也可诱发本病，往往呈散发。养鹑场发生本病后，至少2年要注意预防本病的发生。

【临床症状】雏鹑发病呈急性发作，无明显临诊症状突然死亡，且死亡率极高，可达100%。慢性病例出现精神沉郁、呆滞、羽毛蓬松、食欲不振，有的排水样白色稀粪，逐渐消瘦，病程约3周，死亡主要发生在发病后5～14天，死亡率为2%～10%。与球虫病并发时，在血痢消失后仍然排水样白痢，死亡率将增高。

【剖检变化】最主要的变化是肝、脾和肠道。肠浆膜、黏膜出血，有黄色溃疡。急性死亡者特征性病变为十二指肠出血性肠炎，肠壁有小出血点。病程长者，小肠及盲肠呈现大圆形或椭圆形凸起或粗糙的溃疡斑（彩图8-28），有的形成溃疡性假膜，深入肌层，引起穿孔，老病灶周围有黑色沉积物（彩图8-29）；脾脏出血肿大，表面有出血斑点；肝脏肿大，表面散布颗粒至绿豆大黄白或灰白色坏死点；其他器官无明显病变。

【诊断】 根据临床症状、流行病学特征、病理剖检特征可作初步诊断，确诊须通过实验室进行病原的分离和鉴定。

【防控】 加强饲养管理，注意鹑舍的卫生和环境消毒工作，避免产生应激，在3周龄后要注意预防球虫病。本病目前尚无疫苗预防。

一旦发病，应及早确诊，隔离病鹑。可选用氟苯尼考、环丙沙星、杆菌肽饮水或拌料治疗，链霉素也有较好疗效，磺胺药、土霉素对本病无效。

十、禽曲霉菌病

禽曲霉菌病又称曲霉菌性肺炎，是由烟曲霉菌等致病性霉菌引起的一种常见的真菌病，多种家禽都能感染，以雏鹑多发，是当前危害鹌鹑的一种重要的常见传染病。本病的特征是在肺及气囊发生炎症和小结节。

【病原】 本病病原是曲霉菌属中的烟曲霉菌、黄曲霉菌等，常见且致病力最强的是烟曲霉菌。烟曲霉菌和其分生孢子感染后能分泌血液毒、神经毒和组织毒，具有很强的危害作用。曲霉菌及其孢子对外界环境的抵抗力很强，干热120℃、煮沸5分钟才能被杀死，对化学药品也有较强的抵抗力。常用消毒剂如2.5%福尔马林、3%石炭酸、3%氢氧代钠、水杨酸、碘酊等需要作用1～3小时才能将其杀死。对常用的抗生素不敏感。

【流行病学】 曲霉菌可引起多种禽类发病，雏鹑最易感，特别是20日龄内的鹌鹑，多呈急性、群发性暴发，发病率和死亡率较高；成年鹌鹑多为散发，产蛋率下降，蛋品质下降，沙壳蛋、畸形蛋增多，受精率下降，孵化率下降，死胚增加。曲霉菌污染比较严重时，大日龄的鹌鹑也表现出群发性曲霉菌病，而且症状相当严重，有可能造成大批死亡，需要引起注意。

本病的主要传染媒介是被曲霉菌污染的垫料、空气和发霉的饲料。曲霉菌的孢子广泛存在于自然界中，在适宜的湿度和温度下，曲霉菌大量繁殖。本病传播的主要途径是霉菌孢子经呼吸道被吸入而感染；发霉饲料亦可经消化道感染。当种蛋保存条件差或孵化环境受到严重污染时，蛋壳受污染，霉菌孢子容易穿过蛋壳侵入而感染，使胚胎发生死亡，或者出壳后不久即出现症状。养鹑场饲养环境卫生状况差、饲养管理差、室内外温差过大、通风换气不良、过分拥挤、阴暗潮湿及营养不良，都是促进本病流行的诱因。

【临床症状】病鹑可见呼吸困难、喘气、张口呼吸，精神委顿，常缩头闭眼，流鼻液，食欲减退，口渴增加，消瘦，体温升高，后期表现腹泻。在食管黏膜有病变的病例，表现吞咽困难。病程一般在1周左右。发病后如不及时采取措施，死亡率可达50％以上。

【剖检变化】主要病变在肺和气囊发生炎症和形成结节。病初鹌鹑肺脏出现瘀血、充血，随之出现肉芽肿病变，再发展便出现黄白色大小不等的霉菌结节，严重时肺脏完全变成暗红色，肺组织质地变硬，弹性消失，时间较长时，可形成钙化的结节（彩图8-30）；在肺的组织切片中可见分节清晰的霉菌菌丝、孢子囊及孢子。气囊膜混浊、增厚，或见炎性渗出物覆盖，气囊膜上可见有数量和大小不一的结节，有时可见成团的灰白色或浅黄色的霉菌斑、霉菌性结节，其内容物呈干酪样。肝脏肿大2～3倍，质地易碎，严重时有无数大小不一的黄白色霉菌性结节（彩图8-31）。肠道刚开始充血，逐渐有出血现象，再发展出现肠黏膜脱落，更严重时出现霉菌性结节（彩图8-32）。发展成脑炎性霉菌病时，脑充血、出血，可见一侧或双侧大脑半球坏死，组织软化，呈淡黄色或棕色。部分病鹑出现气管、支气管黏膜充血，有炎性分泌物，脾脏和肾脏肿大，法氏囊萎缩。

【诊断】依靠流行病学调查，检查垫料或饲料是否发霉，结合病理剖检变化可初诊。确诊可以采取病禽肺或气囊上的结节病灶，作为压片镜检或分离培养鉴定。

【防控】不使用发霉的垫料和饲喂发霉变质的饲料是预防本病的关键措施。育雏室空关时，应清扫干净，用甲醛液熏蒸消毒和0.3%过氧乙酸消毒后，再进雏饲养。保持育雏室干燥、清洁卫生，垫料要经常翻晒和更换，特别是阴雨季节更应翻晒，防止霉菌滋生，严禁使用发霉的垫料。加强饲养管理，合理通风换气，保持室内环境及用物的干燥、清洁，经常清洗食槽和饮水器具，做好孵化室的卫生。

本病目前尚无特效的治疗方法，发病后立即清除鹑舍内发霉的垫草，停喂发霉的饲料，改喂新鲜的饲料，选择无刺激性和副作用小的消毒剂进行带鹑消毒，对尽快控制住该病具有一定效果。治疗可试用以下几种方法：制霉菌素，每天每只雏鹑用5 000～8 000 单位拌料饲喂，5～7 天；成年鹌鹑每千克体重2万～4 万单位。碘化钾每升饮水中加入碘化钾 5 克，灌服。0.05%硫酸铜连饮 3～5 天。

十一、鹌鹑球虫病

鹌鹑球虫病是由艾美耳属球虫寄生于肠道引起的一种疾病，对雏鹑危害严重，死亡率可达 15%以上。本病特征性症状为排褐色糊状稀粪，间或排血便，贫血症状明显。

【病原】病原为原虫中艾美耳科艾美耳属的球虫，不同种的球虫在肠道内寄生部位不一样，其致病力也不相同。柔嫩艾美耳球虫寄生于盲肠，致病力最强；毒害艾美耳球虫寄生于小肠中三分之一段，致病力强；巨型艾美耳球虫寄生于小肠，以中段为主，有一定的致病作用。

球虫的生活史属于直接发育型的，不需要中间宿主。球虫在发育过程中，通常经历孢子生殖、裂殖生殖和配子生殖三个生殖阶段。其中，孢子生殖在外界环境中进行，称为外生性发育阶段；而裂殖生殖和配子生殖在体内进行，称为内生性发育阶段；球虫的生活史见图 8-1。鹌鹑摄入具感染性的孢子化卵囊后，卵囊破裂并释放出孢子囊，后者又进一步释放出子孢子。子孢子侵入肠上皮细胞进入裂殖生殖（无性生殖）阶段。首先发育为第一代裂殖体，发育成熟的裂殖体中包含数量不等的裂殖子。成熟的裂殖体释放出的裂殖子再次侵入肠上皮细胞，发育为第二代裂殖体。成熟的第二代裂殖体释放出的裂殖子可再次发育为下一代裂殖体。有的球虫可能有 3～4 个世代的裂殖生殖。在经历几个世代的裂殖生殖后，球虫即进入配子生殖（有性生殖）阶段。最后一代裂殖体释放出裂殖子侵入肠上皮细胞，部分裂殖子发育为小配子体，部分发育为大配子体。小配子体发育成熟后，释放出大量的小配子。小配子与成熟的大配子结合（受精）形成合子，并进一步发育为卵囊。卵囊随粪便排出体外。刚排出体外的新鲜卵囊未孢子化，不具感染性。它们在温暖、潮湿的土壤或添料中，进行孢子生殖，经分裂形成成熟子孢子，成为具有感染性卵囊。发育为孢子化卵囊后才具有感染性。

球虫虫卵的抵抗力较强，在外界环境中一般的消毒剂不易将其破坏，在土壤中可保持生活力达 4～9 个月，在有树荫的地方生活可达 15～18 个月。卵囊对高温和干燥的抵抗力较弱，当相对湿度为 21%～33%时，柔嫩艾美耳球虫的卵囊在 18～40℃ 1～5 天死亡。

【流行病学】各个品种的鹌鹑均有易感性。15～50 日龄鹌鹑发病率和致死率都较高。成年鹌鹑对球虫有一定的抵抗力，多为隐性带虫者。病鹑是主要传染源，凡被带虫鹑污染过的饲料、饮水、土壤和用具等都有卵囊存在，主要通过消化道途径感染，人及其衣服、用具等，以及某些昆虫都可成为机械传播者。

饲养管理条件不良，鹑舍潮湿、拥挤，卫生条件恶劣时，最易发病。在潮湿多雨、气温较高的梅雨季节易暴发球虫病。

【临床症状】病初鹌鹑活动缓慢，食欲减少，羽毛蓬松，喜

图 8-1 鹑球虫生活史

蹲伏。继而嗉囊内充满液体，可视黏膜贫血、苍白，逐渐消瘦，发生下痢，肛门周围羽毛沾污粪便。粪便腥臭，常混有血液、坏死脱落的肠黏膜和白色的尿酸盐。如不及时采取措施，致死率可达 50%以上。

【剖检变化】 大多数球虫寄生于肠道。病变主要在小肠后段，肠管膨大，增厚或变薄。肠内容物稀薄，呈黄红色或褐色。肠黏膜出血，糜烂，呈糠麸样。严重病例肠黏膜有出血条带。

【诊断】 根据临床症状、病理变化及流行病学可作出初步诊断。从肠黏膜、肠内容物、粪便中检查到球虫的各个发育阶段即可确诊。但需注意的是，鹑球虫感染较普遍，单单检出球虫还不足以说明鹑发病死亡是由球虫病引起的，必须进一步进行细菌学、病毒学检测，根据检测结果作出综合判断。

【防控】 及时清除粪便，更换垫料，保持鹑舍清洁、干燥。粪便应堆积发酵，垫料应消毒或销毁。雏鹑与成鹑应分开饲养。

一旦确诊为鹑球虫病，可选用抗球虫药物进行治疗，氯苯胍按每千克饲料 80 毫克混饲，盐霉素按 0.006％混饲，氨丙啉按每千克饲料 150～200 毫克混饲，磺胺－6－甲氧嘧啶按 0.05％混饲，连用 3～7 天。在使用抗球虫药的同时，可适当使用一些抗生素（如强力霉素、氟苯尼考等），以防止细菌继发感染。

十二、鹌鹑有机磷农药中毒

【病因】主要因误食喷洒有有机磷农药（常见的有 1605、敌百虫、乐果、敌敌畏）的青菜、植物等而引起中毒。有机磷农药中毒发生后往往来不及治疗，就发生大量死亡，因此应加强日常的饲养管理。

【临床症状】鹌鹑群突然大批死亡，病鹑表现突然停食，精神不安，运动失调，大量流口水、鼻液，流眼泪，呼吸困难，两腿发软，频频摇头，全身发抖，口渴，频排稀便。濒危时，瞳孔收缩变小，口腔流出大量涎水，倒地，两肢伸直，肌肉震颤、抽搐，昏迷，最后因抽搐或窒息而死亡。

【剖检变化】剖检时，上呼吸道内容物有大蒜气味，血液呈暗黑色，肌胃内容物呈墨绿色（彩图 8-33），肌胃黏膜充血或出血。肝脏、肾脏呈土黄色，肝肿大、瘀血。肠道黏膜弥漫性出血，严重时可见黏膜脱落。喉气管内充满带气泡的黏液，腹腔积液，肺瘀血、水肿，有时心肌及心冠脂肪有出血点。

【防控】饲喂的青菜或植物必须确认没有被农药喷洒或污染。若早期发现，治疗可用解磷定注射液，成年鹌鹑每只肌内注射 0.5 毫升（每毫升含 40 毫克）。首次注射过后 15 分钟再注射 0.5 毫升，以后每隔 30 分钟服阿托品半片（每片 1 毫克），连服 2～3 次，并给予充分饮水。雏鹑首次内服阿托品片 1/3～1/2 片以后，按每只雏鹑 1/10 片剂量溶于水后灌服，每隔 30 分钟 1 次，并给予大量的清洁饮水。不论成鹑或雏鹑，在注射药物前先用手按在食道及食道膨大部，有助于药物进入。

参 考 文 献

房海，陈翠珍，1993. 鹌鹑对新城疫病毒的易感性试验 [J]. 畜牧兽医学报，24 (2)：54-60.

郭江龙，李荣和，2011. 蛋用鹌鹑高效益养殖与繁殖技术 [M]. 北京：科学技术文献出版社.

韩占兵，黄炎坤，付静涛，2008. 鹌鹑规模养殖致富 [M]. 北京：金盾出版社.

何艳丽，李生，2012. 鹌鹑高效养殖技术一本通 [M]. 北京：化学工业出版社.

李立虎，张立平，罗守进，2008. 鹌鹑快速养殖关键技术问答 [M]. 北京：中国林业出版社.

李绶章，2011. 肉鸽鹌鹑饲养科学配制与应用 [M]. 北京：金盾出版社.

李跃胜，2009. 蛋鹌鹑育雏育成期饲粮能量及蛋白质适宜水平的研究[D]. 甘肃农业大学.

林其騄，2010. 怎样养鹌鹑赚钱多 [M]. 南京：江苏科学技术出版社.

林其騄，2012. 鹌鹑高效益饲养技术 [M]. 3 版. 北京：金盾出版社.

林其騄，李鸿忠，2016. 台湾地区鹌鹑产业近况 [J]. 中国禽业导刊，32 (22)：34-35.

陆应林，张振兴，2004. 鹌鹑养殖 [M]. 北京：中国农业出版社.

庞有志，2009. 蛋用鹌鹑自别雌雄配套技术研究与应用 [M]. 北京：中国农业出版社.

申杰，杜金平，皮劲松，等，2009. 蛋用鹌鹑神丹黄羽系与南农黄羽系比较试验 [J]. 湖北畜牧兽医，32 (4)：8-9.

沈建忠，1997. 实用养鹌鹑大全 [M]. 北京：中国农业出版社.

苏德辉，丁再棣，等，2000. 鹌鹑生产关键技术 [M]. 南京：江苏科学技术出版社.

参 考 文 献

唐晓惠，李龙，2011. 鹌鹑养殖新技术 [M]. 武汉：湖北科学技术出版社.

王宝维，2004. 特禽生产学. 北京：中国农业出版社.

王曾年，安宁，2006. 养鹌鹑全书—信鹌鹑、观赏鹌鹑与鹌鹑 [M]. 北京：中国农业出版社.

杨峻，王红琳，罗青平，等，2012. 禽流感灭活疫苗免疫鹌鹑效力试验 [J]. 湖北农业科学，26 (24)：195-196，203.

杨治田，2005. 图文精解养鹌鹑技术 [M]. 北京：中国农业出版社.

杨治田，张花菊，谭旭信，2008. 养鹌鹑 [M]. 郑州：中原农民出版社.

张振兴，2014. 特禽饲养与疾病防治 [M]. 2 版. 北京：中国农业出版社.

赵宝华，2015. 鹌鹑新城疫的诊治 [J]. 养禽与禽病防治，37 (1)：35-36.

Y. M. Saif，2005. 苏敬良，高福，索勋主译. 禽病学 [M]. 11 版. 北京：中国农业出版社.

图书在版编目（CIP）数据

鹌鹑高效养殖关键技术/赵宝华，李慧芳，罗峻主编.—北京：中国农业出版社，2017.11（2023.6 重印）
ISBN 978-7-109-23492-5

Ⅰ.①鹌…　Ⅱ.①赵…②李…③罗…　Ⅲ.①鹌鹑－饲养管理　Ⅳ.①S839

中国版本图书馆 CIP 数据核字（2017）第 267294 号

中国农业出版社出版
（北京市朝阳区麦子店街 18 号楼）
（邮政编码 100125）
责任编辑　周锦玉

北京通州皇家印刷厂印刷　　新华书店北京发行所发行
2017 年 11 月第 1 版　　2023 年 6 月北京第 4 次印刷

开本：850mm×1168mm 1/32　　印张：5.5　　插页：2
字数：150 千字
定价：18.00 元